国家自然科学基金项目（No.61471008）

5G与B4G关键技术：
部分信道信息下OFDMA和
NOMA系统资源分配与优化

陈 晨 著

机械工业出版社

本书研究内容得到国家自然科学基金项目《部分信道状态信息下的 OFDMA 系统资源分配理论和关键技术研究》（资助编号：61471008）的支持，面向 5G 移动通信数据流量爆发性增长的需求，进行无线通信系统资源分配理论和关键技术攻关。

本书介绍的理论及关键技术成果均曾以英文学术论文的形式在国际顶级期刊和会议上公开发表，达到国际先进水平，对 5G 通信理论和技术的发展有推动作用。

图书在版编目（CIP）数据

5G与B4G关键技术：部分信道信息下OFDMA和NOMA系统资源分配与优化/陈晨著.
—北京：机械工业出版社，2018.11 （2019.6.重印）
ISBN 978-7-111-61314-5

Ⅰ. ①5… Ⅱ. ①陈… Ⅲ. ①动态信道分配—研究 Ⅳ. ①TN914

中国版本图书馆CIP数据核字（2018）第248787号

机械工业出版社（北京市百万庄大街22号　邮政编码100037）
策划编辑：杨晓昱　　　　责任编辑：杨晓昱
责任校对：王明欣　　　　封面设计：马精明
责任印制：孙　炜

北京虎彩文化传播有限公司印刷

2019年6月第1版第3次印刷

184mm×260mm・7印张・2插页・114千字

标准书号：ISBN 978-7-111-61314-5

定价：68.00元

B4G关键技术——正交频分复用多址（Orthogonal Frequency Division Multiplexing Access，OFDMA）技术通过将宽带的频率选择性信道分为多个正交的平衰落的子载波信道，从而具备了良好的抵抗频率选择性衰落的能力，并且能够利用信道的频率选择特性获得频率和多用户的分集增益，因而已经得到了广泛的应用。在此基础之上，为了应对当前通信数据量爆发性的增长，5G关键技术——非正交多址接入（Non-Orthogonal Multiplexing Access, NOMA）又重新进入大众的视野。与正交多址技术相比，NOMA技术在频谱效率、用户接入能力、端到端延时等方面都具有明显优势，是当前通信领域研究的热点问题。根据信道状态信息（Channel State Information, CSI简称，信道信息）有效合理地分配子载波和发送功率，对于最优化移动宽带通信的性能至关重要。然而在实际通信系统中想获得完美CSI是不可能的，因而本书围绕部分CSI条件下OFDMA和NOMA系统的资源分配与优化问题开展了研究，主要工作可以概括为以下几个方面：

首先，本书提出了CSI存在噪声和检测误差、CSI存在噪声和传输延迟时基站对当前CSI进行预测、反馈速率受限用户导致CSI存在量化误差等三种部分CSI场景下真实的CSI相对于部分CSI的条件概率分布表达式，为研究部分CSI下的资源分配与优化问题建立了统一的数学理论基础。

其次，本书重点研究了部分CSI下OFDMA和NOMA系统中三个重要的资源分配与优化问题，分别为最大化OFDMA系统中最差用户的安全通信速率、在保证用户通信速率QoS需求的条件下最大化OFDMA系统整体的能量效率以及在单天线单载波NOMA系统中最小化最大中断概率（the Minimization of the Maximum Outage Probability, MMOP）问题的资源分配算法。对于OFDMA系统中的物理层安全和能量效率问题，本书提出了具有较低复杂度的问题的次优算法，仿真结果证明次优算法的性能可以逼近问题的最优解。针对NOMA系统中的MMOP问题，本书基于基站了解用户的平均信道增益并以此为依据将各用户解码顺序固定为平均信道增益递增的顺序的基本假设，给出了各用户的中断概率的闭合表达式，并给出了两种不同部分CSI条件下的用户选择方案，同时基于各用户的中断概率表达式给出了MMOP问题的低复杂度的功率分配方案。

最后，本书介绍了基于MATLAB软件中GUI控件的资源分配算法仿真验证平台的设计与实现过程。该平台适用于绝大多数OFDMA系统和部分NOMA系统应用场景下的资源分配算法的仿真工作。平台支持仿真参数的灵活可视化配置，仿真场景、约束条件、优化算法的动态选择，可实现同一优化问题不同算法之间性能的比较。基于该仿真平台可以完成所提出算法和技术方案的性能验证、评估与比较。

关键词：正交频分多址，非正交多址，资源分配，能量效率，物理层安全

IV

V

绪　论

1897年6月，伽利尔摩·马可尼通过无线电通信实验向世人揭开了无线电的神秘面纱。1947年美国贝尔实验室首次提出了移动通信的概念，但当时的技术并不成熟。

在随后的数十年间，移动通信技术经历了巨大的技术革新和发展，成为奠定数字化信息时代的核心技术之一。1982年，作为第一代移动通信技术代表的高级移动通信系统（Advanced Mobile Phone System，AMPS）开启了蜂窝移动通信的新纪元。在过去的几十年中，移动通信技术日新月异，取得了飞速的发展。图1-1展示了移动通信的发展历程，经历了从第一代（the First Generation，1G）的频分多址（Frequency Division Multiple Access，FDMA）技术，到后来第二代（The Second Generation，2G）的时分多址（Time Division Multiple Access，TDMA）技术，再到第三代（The Third Generation，3G）的码分多址（Code Division Multiple Access，CDMA）技术，直到目前已经在世界范围内广泛商用的第四代（the Fourth Generation，4G）移动通信系统的正交频分复用多址接入（Orthogonal Frequency Division Multiple Access，OFDMA）技术。

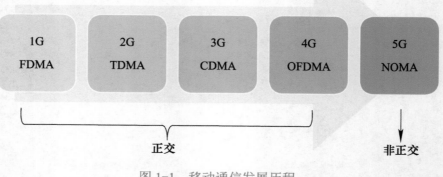

图1-1 移动通信发展历程

移动通信已经实现了从单一支持语音传输到现如今支持多种移动宽带业务的飞跃式发展，通信的速率越来越快，传输的内容也日益丰富。特别是随着互联网的全面普及，无线通信技术对于人们日常的生产生活方式产生了重大的影响和改变。人们对于数据业务的需求不断增加，各种新兴业务类型和应用场景不断涌现，例如自动驾驶、智慧城市、移动支付等，对移动通信在链接数量、网络规模、速率体验、传输时延、能源效率、网络安全等系统指标方面提出了全方位的挑战，现有的 4G 网络技术越来越难满足人们未来的需求，必须根据新的场景和需求做出提升和优化。因此，自从 2013 年甚至更早的时间开始，第五代移动通信系统（The Fifth Generation Mobile Communication System, 5G）的相关研究已经在学术和产业界引起了广泛关注 [1-3]。图 1-2 展示了 5G 通信系统的关键能力，被形象地称为"5G 之花"。

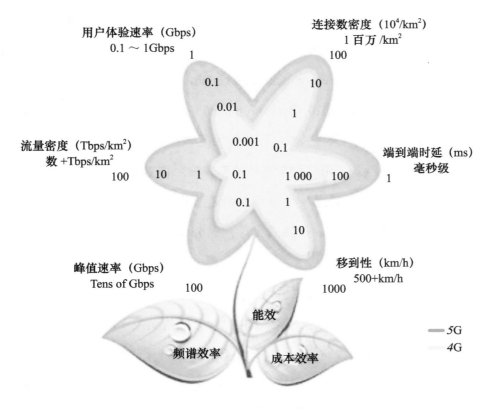

图 1-2　5G 关键能力

在移动通信中，多址接入技术可以区分系统中的不同用户，从而实现多个用户可以共享资源来进行通信，不同多址技术直接影响着通信网络的结构和性能，是移动通信的关键技术之一。纵观移动通信发展历程，多址技术往往成为划分每一代移动通信系统的标志。根据资源分配的方式，多址接入可分为：正交的多址接入和非正交的多址接入。作为 B4G 的核心，OFDMA 技术具有抵抗信道衰落能力强，可实现多用户增益，频谱效率高等特点。2017 年 12 月，在第三代合作伙伴计划组织（The 3rd Generation Partnership Project，3GPP）无线接入网（Radio Access Network，RAN）第 78 次全体会议上，面向非独立组网的 5G NR 首个版本的标准正式宣布被冻结，增强移动宽带（Enhance Mobile Broadband，eMBB）场景中下行链路多址技术仍然选定的是 OFDMA 技术。

为了应对容量、速率、时延以及海量链接等各方面的挑战，一些新兴技术成为 5G 研究的热点问题，比如超密集异构网络技术、大规模天线技术、毫米波技术、非正交多址技术、全双工技术等。在这其中，NOMA 技术在提高系统速率、提高系统覆盖率（增大系统用户接入能力）、提高能量效率、改善系统用户之间的公平性、降低端到端时延等方面都有比较明显的作用，是 5G 中重点研究的一项多址接入技术。近年来，各标准制定机构（如国际电信联盟（International Telecommunication Union，ITU）、第三代合作伙伴计划组织（3GPP）、5G 推进组（IMT-2020（5G）Promotion Group，IMT-2020）等）已将 NOMA 技术作为未来 5G 标准的一项关键技术，也使得大量学者对其进行了深入研究。

考虑到当前通信场景下，用户对于通信速率、信号覆盖范围、能量效率、网络安全方面的迫切需求，本书将重点围绕当前及未来通信系统中的关键接入技术 OFDMA 与 NOMA 中的资源分配问题展开。优化的目标问题分别是网络安全、能量效率以及服务中断概率。

网络安全一直是无线通信中需要重点关注的核心问题，特别是在某些对于信息安全较为敏感苛刻的领域中，能否满足安全要求也是衡量通信系统实用性的首要标准。因此，应当充分重视信息安全在无线通信系统中的重要性，结合无线网络自身的特点，积极寻求相应的网络安全解决方案。传统解决无线网络安全问题的方法大多通过在网络协议栈的上层的密钥加密算法来保证数据的安全性。然而加密算法的复杂度往往比较高，需要以非常大的计算量作为代价。同时这种方法是以假设恶意攻击者的计算水平受限为前提，窃听用户不能在极短的时间内破解加密信息。随着当今计算能力的不断发展，基于计算复杂度的加密算法受到的安全威胁愈发明显。此外，无线通信中信号的广播性和信道的开放性导致有效通信距离内的任何恶意窃听节点均能轻松接收到无线信号。因而，传统通过密钥加密算法保证信息安全的方式存在计算复杂度大、密钥安全风险高等问题，急需开发更为安全可靠的信息加密方式。为了解决传统加密方式的安全问题，物理层安全技术应运而生，它是以信息理论安全为指导，利用物理层属性阻止窃听方对保密信息的截获。由于无线信道的随机衰落特性，基站端到合法用户和与窃听用户之间的信道衰落不尽相同。当合法用户的信道增益大于窃听用户的信道增益时，合法用户的信道容量更大。假如可以充分发挥合法用户的信道优势，对系统中的保密信息进行传输的情况下，即使窃听用户可以接收到信号，但无法从中解调出任何有效信息，从而达到信息安全的目的。通信双方不需要共享加密秘钥，也不需要复杂的加解密算法，利用信道的差异性，通过编码、调制等物理层通信传输方法来实现安全的信息传输。

能量效率也是当前无线通信资源分配问题的研究热点。在过去几十年中，整个社会对于信息通信传输的需求越来越强烈，通信网络设计的主要目的是提高数据速率或者吞吐量，以维持数据量的高速增长，有研究称，2020 年的移动通信数据量相比于 2010 年将增加 1 000 倍。然而，高的吞吐量往往意味着大量的能量消耗，结果导致了大量温室气体的排放和高额的运营支出。最近几年，伴随着数据流量的爆炸式增长，信息与通信技术行业在全球碳排放量中占有相当大的比重，想方设法降低系统能耗、提高能效已然成为学术和产业界的热门研究课题之一[4-5]。

在实际的无线通信系统中，无论是采用正交还是非正交的多址接入方式，系统实际能够实现的多用户分集增益大小首要取决于发送端对用户信道状态信息（Channel State Information，CSI）的获取和资源分配策略的选择。因此，根据各个用户信道的状态，制定合理高效的资源调配方案是提高移动通信系统频谱效率、保障用户服务质量（Quality of Service，QoS）的基础，也是在当前的通信技术体制发展态势下需要研究解决的重点问题。然而在实际系统中基站（Base Station，BS）获得的 CSI 往往是存在误差的，因而基于完美 CSI 假设得到的资源调配策略在实际系统应用中往往会有性能的下降。在实际的多用户通信系统中，由于发端进行估计的 CSI 存在噪声、检测误差、传输延迟以及用户反馈信道容量受限等因素的影响，因而获得的往往是不完全的部分 CSI，这样会对实际工作条件下系统的优化性能造成非常大的影响。因此，与以往研究中所假设的理想 CSI 条件相比，部分 CSI 条件下的 OFDMA/NOMA 系统资源优化分配理论和关键技术研究具有更高的实用意义，是建设新一代无线通信系统迫切需要解决的关键问题，也是本书研究工作的核心。

现有对于部分 CSI 条件下 OFDMA 系统的资源分配问题的研究中，多数集中在如何继续提高 OFDMA 系统中的系统容量或降低用户服务的中断概率 [6-7]，而对于网路安全和能量效率方面的研究尚处于空白。与此同时，由于 NOMA 是当前 5G 通信中出现的一项新技术，对于 NOMA 系统的资源分配算法研究主要集中在完美 CSI 下各类应用场景中如何提高系统容量的资源分配问题，对于部分 CSI 下以系统容量作为优化目标的研究工作尚处于起步阶段。因此，本书的研究工作将重点放在如何提高部分 CSI 下 OFDMA 系统中的能量效率和物理层安全性，以及提高部分 CSI 下 NOMA 系统的通信可靠性问题。

与此同时，我们需要搭建一个完美 / 非完美 CSI 条件下 OFDMA 和 NOMA 系统中资源分配方案的模拟仿真及性能验证平台。下一代无线通信网络是一个庞杂的巨大系统，网络中很多节点造价昂贵，要在现实中对实际设备进行操作实验成本较高。因此，针对完美以及非完美 CSI 下的实际情况，需要建立适用于各种部分 CSI 条件下 OFDMA 和 NOMA 系统中资源分配方案的建模仿真及性能评估系统，来协助研究人员完成资源分配及组网设计方案的模拟测试和仿真实验。因而在本书的研究工作中我们设计了一套适用于绝大多数 OFDMA 系统和部分 NOMA 系统的资源分配算法仿真验证平台。

1.2　关键技术及其研究现状

1.2.1　正交频分复用多址技术

纵观无线通信的发展历程，支持宽带高速的数据传输一直是移动通信发展所追求的目标。OFDM 技术因其良好的抵抗多径衰落能力和高效的频谱效率，被 4G 甚至是 5G 通信标准作为下行通信链路的关键技术所采用。而基于 OFDM 的 OFDMA 技术，能有效通过用户的分集增益进一步提高频谱的使用效率。因此 OFDM/OFDMA 技术在近些年来一直受到学术和产业界的高度关注。

1. 正交频分复用多址技术的基本概念

正交频分复用多址技术（Orthogonal Frequency Division Multiplexing，OFDM）是起源于频分复用（Frequency Division Multiplexing，FDM）的一种多载波传输技术，其基本思想最早是在 1958 年由 Mosier 和 Clabaugh 提出的。1966 年，Chang 在文献 [8] 中给出了一种能够消除子载波干扰，实现多载波并行数据传输的 OFDM 模式，可以减少 50% 的带宽。但因为当时采用模拟滤波器实现多载波传输，计算复杂度较高，无法在实际系统中得以实现。直到 1971 年，Weintein 和 Ebert 将离散傅里叶变换（Discrete Fourier Transform，DFT）应用到 FDM 系统中，实现多载波数据的调制与解调。采用 DFT 之后，多载波系统只需要经过基带处理就可以实现数据的传输，而不再需要带通滤波器。此外在完成多载波调制解调时，也不再要求使用子载波振荡器组和相干解调器，可以利用执行快速傅里叶变换（Fast Fourier Transform，FFT）的硬件来实施，在采用 N 点 FFT 之后，发送端和接收端的多载波调制的复杂度由 $O(N^2)$ 下降为 $O(N\log_2 N)$，简化了系统结构，从而使得 OFDM 得到了大范围的应用。

作为 4G 网络的核心技术，OFDM 具有能够有效抵抗无线信道的频谱选择性衰落、对宽带干扰和窄带噪声不敏感、带宽拓展灵活和支持可变用户速率等一系列特点，目前已经在 3GPP LTE、LTE-A、IEEE802.16、WiMAX、IEEE802.22 等移动通信标准中得到广泛应用。OFDM 技术以及基于 OFDM 的 OFDMA 技术，能够有效利用多用户分集增益进一步提高频谱资源的利用率，被公认为是提高无线通信系统抗摔落能力和频谱利用率的核心技术，是目前"4G"以及未来"5G"通信系统中需要长期应用发展的关键技术，持续得到学术界及产业界的高度关注。OFDM 技术抗频率选择性衰落的能力强，频谱利用率高，可以采用灵活的资源分配方案。在 OFDM 系统中，每个子载波均可独立地选择适合自己的调制方式、传输速率和发送功率，在 OFDMA 系统中，可以根据用户当前的信道状态信息为其分配不同的子载波。因此，基站可根据系统优化的目标，在子载波上灵活调整资源分配策略，从而获得频率分集和用户分集增益，改善系统整体性能。

2. 正交频分复用多址系统中资源分配算法的研究现状

OFDMA 是多用户的 OFDM 系统，在 OFDMA 系统中，如果信道状态信息已知，即理想 CSI 条件下，发端可以灵活地为用户分配功率、子载波、速率、比特等资源，以获得多用户分集增益，从而在满足用户 QoS 需求的同时有效提高资源的使用效率。研究 OFDMA 的资源优化分配问题，可以采用数学建模的方式，将所涉及的问题抽象成数学问题再进行相应算法的设计优化 OFDMA 系统。前期已有大量的研究成果提出了多种在理想 CSI 条件下的 OFDMA 系统所涉及的最优化理论以及相关的传输方案。在相对早期，围绕系统的频谱效率问题，根据优化目标的不同，通常可以将 OFDMA 系统中资源分配问题分成以下两类：

（1）余量自适应优化准则：传输速率或者误比特率一定的条件下，使得系统的发射功率最小，也成为功率最小化准则。

（2）速率自适应优化准则：总发射功率及系统误比特率一定的条件下，使得系统的传输速率或者容量最大，也称为速率最大化准则。

近年来，随着移动通信数据量的爆发性增长，移动通信产业的能耗不断提升，绿色通信成为通信产业发展的必然趋势，如何提高能效成为学术与产业界的热点问题。因此，能量效率作为绿色通信的评价标准，已经成为一种新的资源分配准则，针对 OFDMA 系统已有大量相关的研究工作[9-10]。

而网络安全近年来受到国家的高度重视，如何能保证移动用户的隐私不泄密，提高通信网络的安全性迫在眉睫。而物理层安全技术可以很好解决传统保密算法在无线网络中的弊端。因而，安全保密容量成为无线通信资源优化中的又一大热点问题。

从约束条件来看，除了考虑总功率约束和总速率约束，还有基于用户公平性考虑的约束。考虑频谱效率时，研究的是系统总的传输速率，不是每个用户的数据速率。据此研究的资源分配算法可能使系统的频谱效率较高，但是远离基站的用户或者信道增益比较小的用户可能长期或者永久地分到较少的资源，甚至有可能不会分到资源[11]。为了保证用户的公平性，文献 [12] 在进行资源分配时保证了各用户的最小速率要求，而文献 [13] 则考虑了各用户速率成比例的约束条件。

从信道状态信息的假设条件来看，现有对于 OFDMA 系统资源分配的研究，一般都是假设收发端完美已知用户的 CSI。然而在实际的通信系统中，对用户 CSI 的获取往往是不精确的。现有对于非完美 CSI 对系统吞吐量的影响研究的文献中，主要关注不完美 CSI 下单用户 OFDM 系统的自适应资源分配策略 [14-17]，近年来，不完美 CSI 资源分配的研究扩展到了多用户的 OFDMA 系统 [18-19]。在 CSI 存在延迟和噪声干扰下，基站可以通过信道预测的方法根据有延迟的 CSI 预测信道当前的 CSI，降低 CSI 误差的影响 [20]；在反馈速率受限时，用户可以采用接近于信源编码极限的编码策略 [21]，使得反馈 CSI 的失真度能够达到最小。但已有的基于预测 OFDMA 系统资源分配的算法 [18-19] 只假设了 CSI 有一个 OFDM 符号的延迟，没有考虑到不同 CSI 延迟对系统性能的影响；在用户用有限速率反馈 CSI 时，已有的研究采用的都是基于门限值量化等的次优量化算法 [22-24]，未能反映反馈速率受限下 CSI 失真度达到最小时系统的最佳性能。已有关于优化 OFDMA 系统性能的研究工作，大多数以系统遍历容量作为优化目标 [19, 24]，或是在保证其有足够低的中断概率下优化系统的吞吐量 [25]。至于部分 CSI 下 OFDMA 系统中物理层安全和能量效率问题的研究更是仅仅处于起步阶段。

综上所述，与传统单载波通信系统不同，在 OFDMA 系统中，发端根据估计或由收端用户反馈等方法所获得的 CSI 有效合理地为各个用户分配数据传输所共享的子载波和发送功率资源，对于优化宽带移动通信系统的性能至关重要。由于用户反馈和发端通过信道估计获得的 CSI 往往受到噪声、检测误差、传输延迟以及反馈传输速率受限等因素的影响，因而很难获得完美的 CSI，即发端实际获取的 CSI 与真实 CSI 之间存在偏差，是不完全的部分 CSI，这样会对实际条件下 OFDMA 系统的性能造成影响，因此，与大多数研究中所假设的完美 CSI 条件相比，部分 CSI 条件下的 OFDMA 系统资源优化分配理论和关键技术研究具有更强的实际应用价值，是建设新一代无线通信系统迫切需要解决的关键问题，特别是其中的物理层安全与能量效率问题，也是本书研究的重点。

1.2.2　非正交多址技术

1.　非正交多址技术研究现状分析

传统的正交多址技术，比如 FDMA、TDMA 和 OFDMA 技术，均要求不同用户信号之间不能发生重叠，因而大大限制了系统的用户接入能力，并不能满足未来无线通信中有大规模用户接入的应用场景。虽然这些系统可以避免同一小区内的用户之间的干扰，但是很多小区边缘用户由于本身信道增益较小，为达到其速率需求，往往发射很大的功率，从而给相邻小区用户带来很大的干扰，因而需要对小区间干扰进行专门的干扰消除处理。而对于 CDMA 系统，属于非正交多址系统，允许用户间的信号有重叠。而且由于用户的发射功率都可以很小，因此在抑制小区间干扰方面具有较好的性能。但是由于基于伪随机序列的扩频码并不是完全正交的，因此 CDMA 系统无法避免小区内用户之间的干扰，当用户较多时，小区内的信号干扰很严重。而且，由于为了降低小区间的干扰，常常使得小区边缘用户的发射功率很低，而扩频比很高，这限制了小区边缘用户通信速率，并不适于数据的传输服务。因而急需探索一种新的多址接入方式来满足未来 5G 中复杂的应用需求。

较早之前已经有人对比过在正交与非正交多址之间，非正交多址技术存在诸多优点，特别是在提高小区边缘用户的服务质量方面很有成效。从理论上讲，非正交多址技术可以达到多用户系统最大的系统容量门限[26]，而正交多址技术却不能。近些年来人们所研究的非正交多址技术主要分为功率域非正交多址技术（Power Domain based NOMA，PD-NOMA）和码域非正交多址技术（Code Domain based NOMA，CD-NOMA）两大类。其中 PD-NOMA 即通常所说的通过用户功率分配差异来对用户进行区分[27-28]；另外还有在码域、时域、频域、空域等都可实现的图分多址技术（Pattern Division Multiple Access，PDMA）。特别的，由于 PD-NOMA 不需要对用户进行扩频，从而能够使系统的频谱效率更高。因此，在 5G 通信下行系统需要大量数据传输的 eMBB 场景中，PD-NOMA 技术将具备更大的优势。因而，本书集中对功率域非正交多址相关技术进行研究。

功率域 NOMA 技术主要是利用位于小区边缘位置的用户和位于小区中心位置的用户之间存在着较明显信道增益差距的特点，通过让具有较大信道增益差距的用户共享同一时频资源。对于下行广播信道（Broadcast Channel，BC），通过给用户分配差异较大的功率以实现解码器对用户信号的区分，基站会给距离基站近信道增益大的用户分配较小的功率，而为距离基站远信道增益小的用户分配较大的功率。而在用户接收端，基于串行干扰消除技术（Successive Interference Cancellation，SIC）的解码器会先解信道增益小的用户的信号，在将信道增益小的用户信号进行解码并消除后再求解信道增益大的用户的信号 [28]。而对于上行接入信道（Multiple Access Channel，MAC），与下行 BC 信道不同的是，此时由于基站接收到各用户的信道增益本身有巨大区别（下行系统中，在某一用户终端接收到的所有用户信号实际上是经历相同的信道衰落），因此在功率分配上并不一定要存在多大的功率分配差异（即使离基站近的用户与离基站远的用户所分配的功率一样，但是由于他们的信道增益差距，基站也能对其信号进行区分），只要能满足各用户的 QoS 需求即可。位于基站处的 SIC 解码器首先对离基站近的用户信号进行解码并对其进行消除后再对离基站远的用户的信号进行解码 [27]。

2. 功率域非正交多址技术的基本知识

（1）功率域非正交多址技术典型研究场景

对于 PD-NOMA，最重要的是要在不同的场景下进行合理的资源分配（Resource Allocation，RA）。对于 PD-NOMA 的研究可以简单分为以下三类：最基本的 PD-NOMA 系统（一般是单载波单天线场景）下的用户选择（User Selection，US）和功率分配（Power Allocation，PA）问题；PD-NOMA 与多载波技术（特别是 OFDM 技术）相结合的系统（一般称为 OFDM-NOMA 系统，且考虑单天线场景）中的子载波分配（Subcarrier Allocation，SA）和功率分配问题；PD-NOMA 与多天线技术相结合的系统（一般称为 MIMO-NOMA 系统）的用户选择和波束成形（Beamforming，BF）问题。具体地讲，最基本的 PD-NOMA 系统又会考虑合作式和非合作式两种场景下的用户选择和功率分配问题；对于 OFDM-NOMA 系统则一般都是在非合作 NOMA 场景下进行资源分配的；对于 MIMO-NOMA 系统则更加复杂，可以细分为单用户 MIMO（Single-User

MIMO，SU-MIMO）与 NOMA 结合的场景、多用户 MIMO（Multiple Users MIMO，MU-MIMO）与 NOMA 结合的场景、单小区与 NOMA 结合的场景、多小区与 NOMA 结合的场景[27-28]。

由于本次研究工作中对于 NOMA 系统主要是希望给出一般通用模型的解法，因而该书将主要精力放在单载波单天线非协作的 NOMA 系统中。此场景是 NOMA 的最初研究场景，虽然在未来 5G 中的实际应用场景很少，但对于理解 NOMA 的基本原理很有帮助。而且很多单天线单载波下的结论扩展到多载波或多天线场景下也是成立的，对今后在多载波或多天线甚至更复杂的场景下的资源分配问题的研究具有一定的指导意义。此处，我们以一个两用户模型为例来说明 PD-NOMA 系统工作的基本原理。

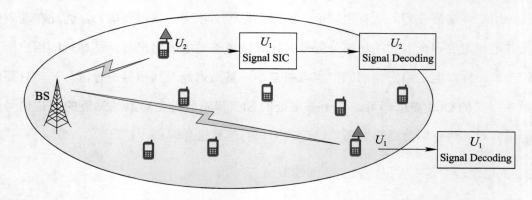

图 1-3　单载波单天线条件下非协作式 NOMA 系统模型

如图 1-3 所示，是一个下行系统，基站在每个时隙选出两个用户以 PD-NOMA 的方式对小区内用户进行服务。其中，用蓝三角标出的用户 U_1 和 U_2 是当前时刻选出的两个用户。为了实现在功率域对信号进行区分，需要选出的用户在信道增益上存在明显差异（以保证两用户分配的功率具有一定的差异），一般我们通过在小区中心位置和小区边缘位置各选择一个用户来满足这一特性。如图所示，其中 U_1 是小区边缘位置用户，U_2 是小区中心位置用户。根据用户端 SIC 解码器的原理，在 U_1 的终端处直接将 U_2 的信号视作噪声对 U_1 的信号进行解码。在 U_2 的终端，则先将 U_1 的信号通过 SIC 技术进行解码消除，再对 U_2 的信号进行求解。从上述内容可知，此系统涉及用户选择和功率分配问题，进一步可以分为完美信道信息[29-30]和非完美信道信息[31-32]两种情况对此问题进行讨论。

（2）功率域非正交多址技术典型资源分配问题

NOMA 系统的性能评估根据不同的资源分配问题有所不同。比如从用户公平性方面考虑，则需要保证所有用户获得相当的服务，此时通常可以将资源分配问题归纳为如下两类：完美 CSI 条件下最大化最小用户速率准则（The Maximization Minimum Rate Criteria，MMRC）和非完美 CSI 条件下最小化最大的用户中断概率（The Minimization of Maximum Outage Probability，MMOP）。而对于大多数场合，我们既要考虑用户之间的公平性，又要考虑整个系统的总性能，这一情况大多是在完美 CSI 条件下进行优化，主要可以通过两类问题来进行资源分配：一类是加权和速率最大化准则（The Maximization of the Weighted Sum Rate Criteria，WSRMC）；另一类是在各用户给定最小速率门限的条件下最大化系统和速率准则（The Maximization of Sum Rate Criteria with Minimum Rate Constraint，SRMC-MRC）。

从目前的研究结果来看，在完美 CSI 条件下，各类资源分配问题的研究相对比较成熟，因而本书将研究的重点放在非完美 CSI 下的资源分配问题。对于非完美 CSI 场景，分析了两种不同的 CSI 条件：1）仅知道各用户的平均信道增益；2）考虑到很多实际信道都存在反馈信道或者反馈时隙专门用于估计信道，因而假设基站能够进一步知道每个用户的信道信息估计值。本书分别分析了在两种 CSI 条件下的中断概率，并给出了各自的闭合表达式。在此基础上进一步讨论最小化最大的用户中断概率的优化问题。

1.3　主要内容

基于此，本书主要针对部分信道状态信息下的OFDMA和NOMA系统中物理层安全、能量效率、中断概率问题的无线资源分配算法进行了深入研究，同时建立了一套完整的资源分配仿真验证平台，对所提出的理论与算法进行计算机仿真和网络整体性能验证。

本书的基本研究思路如图 1-4 所示，下面我们将对主要研究内容一一进行阐述。

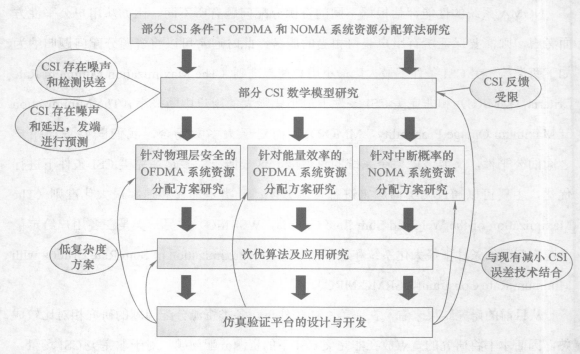

图 1-4　本书主要内容示意图

（1）部分 CSI 数学模型研究。本书首先分析了三种常见的部分 CSI 场景：

1）CSI 存在噪声和检测误差；

2）CSI 存在噪声和传输延迟的条件下发端采用最小均方误差（Linear Minimum Mean Squared Error，LMMSE）进行信道预测；

3）反馈信道容量受限下用户采用能够达到最小失真度的信源编码方法编码 CSI。

其中对于反馈信道容量受限的情况，运用信息论中的率失真理论得到反馈 CSI 容量的表达式。然后根据有失真下的信源编码理论，得到部分 CSI 情况下的最小失真条件，再通过推导得出在此时 CSI 反馈容量受限情况下的真实 CSI 相对于发端所获得的部分 CSI 的关系模型。对于这三种部分 CSI 的场景，本书推导得出真实的 CSI 相对于基站所获得的不完全 CSI 的条件概率分布表达式。

（2）部分 CSI 下 OFDMA 系统中优化物理层安全的资源分配问题研究。考虑在部分信道状态信息的条件下，当多用户 OFDMA 系统中存在非法入侵的窃听者时，基于物理层安全技术对无线资源进行调配以保证全部合法用户的安全通信，将最大化系统中最小的安全通信速率作为本研究问题的优化目标。本书首先给出了基于枚举算法得到的问题最优解，同时提出了一种可以降低计算复杂度的次优算法，将原问题拆分成两个子问题的次优算法，即子载波分配和功率分配。对于给定子载波分配下的每个子载波的功率分配问题，通过对偶算法得到问题的最优解；然后采用贪婪算法的思想为每个用户分配最适合的子载波。

（3）部分 CSI 下 OFDMA 系统中优化能量效率的资源分配问题研究。研究了在频分（Frequency Division Duplexing，FDD）OFDMA 系统中，由于反馈信道容量受限导致 CSI 存在量化误差的情况下，以最大化系统整体的能量效率为目标，提出了在满足用户 QoS 需要的条件下该问题的次优算法。通过分式优化理论和拉格朗日对偶算法将原问题转化为一个准凸问题。然后分别讨论了给定子载波条件下的功率分配问题以及子载波分配的算法。仿真结果表明，本书所提算法的性能可以逼近基于穷尽搜索方法得到的最优解。

（4）部分 CSI 下 NOMA 系统中优化系统中断概率的资源分配算法。对于部分 CSI 条件下的 NOMA 系统，本书主要讨论了在单载波单天线的场景下，最小化系统中用户最大的中断概率问题。在假设基站知道各用户的平均信道增益并以此为依据将各用户解信号码顺序固定为平均信道增益递增的顺序的条件下，给出了各用户的中断概率的闭合表达式。通过这一假设可以大大简化各用户的中断概率表达式，并为 MMOP 问题的求解提供了很大的方便。本书基于 MMOP 问题讨论了 NOMA 系统的资源分配问题，并给出了在两种 CSI 条件下的用户选择方案。与此同时，本书基于各用户的中断概率表达式给出了 MMOP 问题的低复杂度的功率分配方案。

（5）OFDMA 和 NOMA 系统中资源分配算法仿真验证平台的设计与实现。为了协助完成无线通信系统中资源分配及组网设计方案的建模仿真和性能评估，本书基于 MATLAB 软件中的 GUI 控件搭建了一个适用于绝大多数 OFDMA 系统和部分 NOMA 系统应用场景下的资源分配算法仿真验证平台。除了支持前文已经提到的部分 CSI 下 OFDMA 系统中的能量效率、物理层安全问题以及部分 CSI 下 NOMA 系统中的频谱效率问题外，该平台支持的仿真功能还包括部分 CSI 下 OFDMA 系统中的频谱效率、完美 CSI 下 OFDMA 系统中误码率以及完美 CSI 下 NOMA 系统的频谱效率问题的资源分配算法。该平台支持仿真参数的灵活可视化配置，仿真场景、约束条件、优化算法的动态选择。基于该仿真平台可以完成所提出算法和技术方案的性能验证、评估与比较。

1.4　本书的组织结构

第一章介绍了本书的研究背景，OFDMA 和 NOMA 技术的基本概念和研究现状，说明了无线资源管理问题研究的基本问题，对相关领域前沿论文的主要工作与贡献、组织结构进行了说明。

第二章研究了不完全 CSI 的数学建模以及部分 CSI 下 OFDMA 系统的资源分配问题。关于不完全 CSI 的建模，主要分析了在 CSI 存在噪声和检测误差条件下、在 CSI 存在噪声和延迟时基站采用线性最小均方误差准则预测当前的 CSI 条件下、在反馈速率受限用户采用达到最小失真度下的信源编码的 CSI 条件下，真实的 CSI 相对于部分 CSI 的条件概率分布表达式，为下文研究部分 CSI 下的资源分算法打下基础。关于部分 CSI 下 OFDMA 系统中的资源分配问题，第二章分别研究了最大化 OFDMA 系统中最差用户安全通信速率的问题以及在保证用户通信速率 QoS 需求的条件下最大化 OFDMA 系统整体的能量效率问题。对于 OFDMA 系统中的物理层安全问题，在这一章中提出了该问题的最优解和具有较低复杂度的次优解。对于 OFDMA 系统中的能量效率问题，我们根据分式优化理论和拉格朗日对偶算法给出了问题的近似最优解。

第三章研究了部分 CSI 下 NOMA 系统中的资源分配问题，优化的目标是最小化用户最大的中断概率，我们基于基站知道各用户的平均信道增益（路径损耗）并以此为依据将各用户解信号码顺序固定为平均信道增益递增的顺序（即路径损耗递减的顺序）的基本假设，给出了各用户的中断概率的闭合表达式，并给出了在不同 CSI 条件下的用户选择方案。同时基于各用户的中断概率表达式给出了 MMOP 问题的低复杂度的功率分配方案。

第四章介绍了 OFDMA 和 NOMA 系统仿真验证平台的设计与实现过程。基于 MATLAB 软件搭建了一个适用于绝大多数 OFDMA 和部分 NOMA 系统中资源分配方案的建模仿真及性能评估系统，来协助完成资源分配及组网设计方案的模拟测试和仿真实验。这一章中分别介绍了系统架构与软件流程、主要功能模块和仿真测试结果。

第五章则是对全文进行总结。

第二章

B4G 关键技术：部分 CSI 下 OFDMA 系统中的资源分配问题研究

2.1 引言

正如我们在上一章中介绍的，资源分配算法优化宽带移动通信系统的性能优劣极大程度上依赖于发端获得的 CSI。如图 2-1 所示，基站从上行链路获得当前下行链路的 CSI，根据下行链路的 CSI 确定资源分配的方案。假设下行链路的信道增益为瑞利多径信道。基站到用户 k 间在子载波 n 上信道增益的基带形式为

$$H_{k,n} = \sum_{l=1}^{L_k} a_{k,l} \exp\left(-\mathrm{j}2\pi\tau_{k,l}\left(n - \frac{N+1}{2}\right)\Delta f\right) \qquad (2\text{-}1)$$

式中，L_k 为多径的数量；$a_{k,l}$ 和 $\tau_{k,l}$ 分别为第 k 个用户的下行信道第 1 径的信道增益和延迟；Δf 是相邻子载波之间的频率间隔。

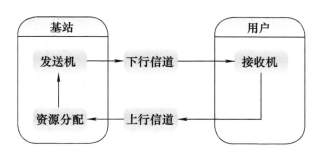

图 2-1　宽带移动系统在已知 CSI 条件下的资源分配框图

在现有大多数无线资源分配的研究工作中，一般均假设基站可以完美获知用户的信道信息，但是在实际的无线通信系统中是不可能实现的。实际系统由于信道估计算法的精度、信道传输的时延、反馈信道速率受限等干扰因素的存在，基站获得的 CSI 往往是存在偏差的，是不完全的部分 CSI。基站应该如何根据不完全的 CSI 进行合理高效的无线资源分配，是通信系统在进行性能优化时亟需解决的问题。

OFDMA 系统作为无线宽带通信系统的核心，如果发端可以完美获知用户的信道状态信息，能够灵活地为用户分配子载波、功率、比特等资源，以获得多用户增益，从

而在满足业务 QoS 要求的同时有效提高资源的使用效率。前期已有大量成果（如文献 [33-34]）介绍并提出了多种 OFDMA 系统在完美 CSI 下所涉及的最优化理论与技术方案。可以说，在完美 CSI 条件下的资源分配问题求解起来较为容易，而在实际的部分 CSI 条件下解决 OFDMA 系统的资源分配问题则相对较为困难。

当前已有研究中，对于部分 CSI 下的 OFDMA 系统进行优化的常用手段是通过减少 CSI 获取的误差来改善系统的性能，例如根据已有的 CSI 预测当前的 CSI。发达国家针对实现信道预测的策略可大致分为两种：基于数理模型的信道预测方案 [35] 和基于物理模型的信道预测方案 [20]。其中基于物理模型的信道预测方案能加更加贴合于实际信道，但该模型常常受限于一些特定的无线传输场景 [36]，不但适用范围有限而且复杂度高，因而对于利用信道预测来进行无线资源分配方案研究时多使用后者。但在已有研究工作中，基于信道预测的资源分配策略多假设 CSI 延迟时间仅仅为一个符号，并不能完全满足实际系统的应用需求，仍需要考虑不同 CSI 延迟对资源分配算法性能的影响。至于解决反馈速率受限条件下引起的 CSI 量化误差，主要的办法是设计合理有效的 CSI 量化编码和反馈的协议。在文献 [14-16] 中，用户向基站反馈的是信道增益某一预设门限值的子载波的序号，基站在这些子载波上进行资源分配。由于在该反馈机制下，基站仅可以知道用户的信道增益是否大于一定的门限值，在进行资源分配时会有诸多不便。基于此，Choi 在文献 [17] 给出了改进方案，反馈所有子载波中信道增益最大和最小的子载波的信道增益，而仅仅向基站反馈其他子载波的信道增益在子载波中的排号，基站端通过插值获得所有子载波的信道增益，进而采取相应的功率分配方案。关于部分 CSI 条件下 OFDMA 系统的资源分配技术，国内已有清华大学、上海交通大学、南京邮电大学、东南大学等研究团队开展了相应关键问题的研究，在减少反馈量的资源分配算法设计 [37]、有限反馈条件下减少误差的预编码设计 [38]、1 比特反馈方案时的资源分配改进算法 [39] 等方面取得了一定成果。

综上所述，尽管通过信道预测、CSI 编码与反馈的策略可以在一定程度上有效降低 CSI 的误差，但无论是依靠减小 CSI 误差还是采用基于门限值的量化与反馈策略只能对系统性能在次优意义上做出改善，而不能获得部分 CSI 下系统性能的最优解。与之相反的是，假设基站可以获得用户真实信道信息相对于部分信道信息的条件概率分布表达式，则可以基于该分布采取相应的资源分配算法，致使系统性能在给定部分 CSI 条件下，可以达到统计平均意义上的最优解。在多数研究中衡量系统性能的指标多为遍历容量与中容量，然而物理层安全和能量效率同样是当前无线通信资源分配问题的研究热点，也应该给予高度关注。对于现有部分 CSI 条件下 OFDMA 系统的资源分配问题的研究中，多数集中在如何继续提高 OFDMA 系统中的系统容量或降低用户服务的中断概率[6-7]，而对于网路安全和能量效率方面的研究尚处于空白，因而本章将这两个问题作为研究部分 CSI 下 OFDMA 系统资源分配优化算法的重点优化目标。

基本思路：首先针对三种不完全 CSI 的情况分别进行讨论，推导出部分 CSI 条件下真实 CSI 相对于基站所获得不完全 CSI 的条件概率分布，这三种情况分别是：

1）CSI 存在噪声和估计误差；

2）CSI 存在噪声和传输延迟的条件下，基站通过 LMMSE 算法对当前的信道信息进行预测；

3）反馈信道容量受限的条件下，用户根据率失真理论使用满足最小失真度下的编码方式对 CSI 进行量化并反馈。

根据条件概率分布，本章随后分别研究了两类 OFDMA 系统无线资源优化场景下的资源分配策略：一是假设 OFDMA 系统中存在窃听用户，在总功率约束条件下，最大化合法用户最小的安全通信速率；二是在保证总发射功率约束和用户通信速率高于设定门限的条件下，最大化 OFDMA 系统下行链路整体的能量效率。

针对以上两个问题，本章均给出了基于穷尽搜索方式得到的问题最优解或最优解上界，并给出了具有较低计算复杂度的次优算法，给出相应的仿真结果证明本书所提出算法可以获得与最优算法性能相接近的结果。

2.2 部分 CSI 场景的系统模型

本节首先为部分 CSI 来建模，即确定具体的 CSI 要求，确定 CSI 失真的类型以及它们的统计特征。考虑到通常情况下，CSI 误差主要反映在以下三个方面：

1）CSI 存在噪声和检测误差；

2）CSI 存在噪声和传输时延，发端需要对信道进行预测；

3）CSI 反馈信道速率受限。

上述部分 CSI 的情况基本涵盖了各种可能导致 CSI 误差的典型情况，如：对于时分（Time Division Duplexing，TDD）系统来说，因为上下行链路采用同一频点进行传输，信道的基本参数是相同的，利用信道的互易性，基站可以通过对用户上行链路的信道信息估计获得下行链路的 CSI，所以 CSI 的误差主要来自于信道的噪声干扰、信道估计算法的精度和传输延迟等；而对于频分（Frequency Division Duplexing，FDD）系统，上下行链路使用不同的频点，用户端需要使用有限个比特对于下行链路的信道状态信息进行量化编码后反馈给基站，因此导致 CSI 误差的因素除了前面提到的信道噪声、信道估计算法误差和传输延迟外，还包含用户反馈信道容量受限导致用户对下行链路 CSI 量化编码时引起的量化失真。这样，本节将对以上三种常见部分 CSI 场景进行数学建模，给出部分 CSI 相对于真实 CSI 的条件概率分布表达式，为后文基于真实 CSI 与部分 CSI 关系的 OFDMA 系统资源分配优化技术研究打下理论基础。

2.2.1　CSI 噪声和检测误差

受限于无线信道天然存在的噪声干扰以及信道估计算法的精度局限性，基站得到的用户的 CSI 往往都会包含噪声和估计误差，因而用户 k 在子载波 n 上真实的信道信息 $H_{k,n}$ 与基站所获得的对应的信道信息 $\hat{H}_{k,n}$ 之间的关系可以表示为

$$H_{k,n} = \hat{H}_{k,n} + \epsilon_{k,n} \tag{2-2}$$

其中，$\epsilon_{k,n}$ 为 CSI 误差，通常被认为满足零均值复高斯分布 $\epsilon_{k,n} \sim \mathcal{CN}(0, \sigma_{k,n}^2)$。因此在给定 $\hat{H}_{k,n}$ 的条件下，$H_{k,n}$ 的条件概率分布同样满足复高斯分布 $H_{k,n} \mid \hat{H}_{k,n} \sim \mathcal{CN}(\hat{H}_{k,n}, \sigma_{k,n}^2)$，则 $\alpha_{k,n} = |H_{k,n}|^2$ 相对于 $\hat{\alpha}_{k,n} = |\hat{H}_{k,n}|^2$ 的条件概率分布是自由度为 2 的非中心卡方分布（Noncentral chi-squared distribution，NC_{x^2}）[40, p.44]，即

$$f(\alpha_{k,n} \mid \hat{\alpha}_{k,n}) = \frac{1}{\sigma_{k,n}^2} e^{-\frac{\hat{\alpha}_{k,n} + \alpha_{k,n}}{\sigma_{k,n}^2}} I_0\left(\frac{2}{\sigma_{k,n}^2}\sqrt{\hat{\alpha}_{k,n}\alpha_{k,n}}\right) \tag{2-3}$$

式中，$I_0(\cdot)$ 为 0 阶第一类修正贝塞尔函数。

2.2.2　CSI 噪声与延迟

本小节主要推导假设基站获得的用户 CSI 存在噪声与延迟干扰，需要通过 LMMSE 的估计算法对当前 CSI 进行预测的条件下，真实 CSI 相对于预测所获得部分 CSI 的概率统计分布情况。

设下行链路为多径瑞利衰落信道，T_s 代表一个 OFDM 符号的符号长度，在第 mT_s 时刻，用户 k 在子载波 n 上信道增益的基带形式 $H_{k,n}(m)$ 如式（2-1）所示，其中每一径的信道增益 $a_{k,l}(m)$ 可以建模为彼此独立的零均值平稳复高斯过程，时间相关性上满足 Jakes 模型[41]，即

$$\phi_k(t) = \frac{E[a_{k,l}(m+t)a_{k,l}^*(m)]}{E[|a_{k,l}|^2]} = J_0\left(2\pi v_k \frac{f_0}{c_0} T_s t\right) \tag{2-4}$$

其中，$J_0(x)$ 是第一类零阶贝塞尔函数；v_k 为用户 k 的移动速度；f_0 为信号的载波频率；c_0 是光在真空中的传播速度。根据式（2-1），用户 k 在整个频带内的信道增益矢量 $H_k(m) = (H_{k,1}(m),\ldots,H_{k,N}(m))^\mathbf{T}$ 也满足零均值平稳复高斯矢量分布，其自相关矩阵为

$$\Sigma_{\mathbf{H}_k} \triangleq E[H_k H_k^H] = F_k \Sigma_{a_k} F_k^H \tag{2-5}$$

其中，F_k 是 $N \times L_k$ 的矩阵 $[F_k]_{n,l} = \exp(-\mathrm{j}2\pi(n-(N+1)/2)\tau_{k,l}\Delta f)$，且满足 $\Sigma_{a_k} = \mathrm{diag}\left(E[|a_{k,1}|^2],\ldots,E[|a_{k,L_k}|^2]\right)$。

假设每个用户 CSI 所受到的噪声干扰为 $\epsilon_k = (\epsilon_{k,1},\ldots,\epsilon_{k,N})^\mathbf{T}$，其中 $\epsilon_{k,n}$ 是用户 k 在子载波 n 上的 CSI 所受到的干扰，因此基站实际获得的信道状态信息为 $\hat{H}_k(m) = H_k(m) + \epsilon_k$，$\epsilon_k \sim \mathcal{CN}(0, \sigma_\epsilon^2 I_N)$。设用户 k 的 CSI 时延为 δ_{m_k} 个符号，基站基于已经获得的用户 k 前 Q 个时刻的 CSI，$\hat{H}_k^Q(m) = (\hat{H}_k^\mathbf{T}(m),\ldots,\hat{H}_k^\mathbf{T}(m-Q+1))^\mathbf{T}$，按照 LMMSE 准则预测当前时刻的 CSI，即

$$\hat{H}_k(m + \delta_{m_k}) = A_k \hat{H}_k^Q(m) \tag{2-6}$$

其中，矩阵 A_k 是预测系数，维度为 $N \times NQ$，具体取值可由下式计算得到[42, p.391]

$$A_k = E\left[H_k(m)\left(\hat{H}_k^Q(m-\delta_{m_k})\right)^H\right]\left(E\left[\hat{H}_k^Q(m-\delta_{m_k})\left(\hat{H}_k^Q(m-\delta_{m_k})\right)^H\right]\right)^{-1} \quad (2-7)$$
$$= (\boldsymbol{\Phi}_k \otimes \boldsymbol{\Sigma}_{H_k})(\boldsymbol{\Gamma}_k \otimes \boldsymbol{\Sigma}_{H_k} + \sigma_\epsilon^2 \boldsymbol{I}_{NQ})^{-1}$$

其中，$\boldsymbol{\Gamma}_k$ 是 $N \times N$ 的矩阵，$[\boldsymbol{\Gamma}_k]_{i,j} = \phi_k(j-i)$；$\boldsymbol{\Phi}_k = (\phi_k(\delta_{m_k}), \ldots, \phi_k(\delta_{m_k}+Q-1))$；$\otimes$ 表示 Kronecker 乘积。定义预测误差为 $v_{k,n}(m) = H_{k,n}(m) - \hat{H}_{k,n}(m) v_k = (v_{k,1}, \ldots, v_{k,N})^{\mathrm{T}}$，则由式（2-6）和式（2-7），可求得

$$E[v_k(m)] = E[H_k(m)] - E[\hat{H}_k(m)]$$
$$= E[H_k(m)] - A_k E[\hat{H}_k^Q(m-\delta_{m_k})] = \boldsymbol{0} \quad (2-8)$$

且自相关矩阵为

$$\boldsymbol{\Sigma}_k \triangleq E[v_k v_k^H]$$
$$= \boldsymbol{\Sigma}_{H_k} - (\boldsymbol{\Phi}_k \otimes \boldsymbol{\Sigma}_{H_k})(\boldsymbol{\Gamma}_k \otimes \boldsymbol{\Sigma}_{H_k} + \sigma_\epsilon^2 \boldsymbol{I}_{NQ})^{-1}(\boldsymbol{\Phi}_k \otimes \boldsymbol{\Sigma}_{H_k})^H \quad (2-9)$$

因为 $\boldsymbol{H}_k$ 和 $\hat{\boldsymbol{H}}_k$ 均满足零均值的复高斯分布，那么 v_k 也满足零均值的复高斯分布。根据 LMMSE 准则的原理，预测误差 v_k 和 CSI 预测值 $\hat{\boldsymbol{H}}_k$ 相互正交，即 $E[v_k \hat{\boldsymbol{H}}_k^H] = 0$。由于 v_k 和 $\hat{\boldsymbol{H}}_k$ 均满足零均值的复高斯分布，这样 v_k 和 $\hat{\boldsymbol{H}}_k$ 相互正交也就意味着 $\hat{\boldsymbol{H}}_k$ 和 v_k 相互独立。

因此可知，对于用户 k 来说，在给定预测信道增益 $\hat{\boldsymbol{H}}_k$ 的条件下，子载波 n 上的实际信道增益 $H_{k,n}$ 的条件概率分布仅取决于子载波 n 上预测得到的信道增益 $\hat{H}_{k,n}$ 和对应的预测误差，即 $H_{k,n} | \hat{\boldsymbol{H}}_k = H_{k,n} | \hat{H}_{k,n} \sim \mathcal{CN}(\hat{H}_{k,n}, \sigma_{k,n}^2)$，其中 $\sigma_{k,n}^2$ 为矩阵 $\boldsymbol{\Sigma}_k$ 的第 n 个对角元素。因此，有 $\alpha_{k,n} = |H_{k,n}|^2 \hat{\boldsymbol{H}}_k$ 下的条件概率分布同样服从自由度为 2 的 $NC\chi^2$ 分布：

$$f(\alpha_{k,n} | \hat{\boldsymbol{H}}_k) = f(\alpha_{k,n} | \hat{\alpha}_{k,n}) = \frac{1}{\sigma_{k,n}^2} e^{-\frac{\hat{\alpha}_{k,n}+\alpha_{k,n}}{\sigma_{k,n}^2}} I_0\left(\frac{2}{\sigma_{k,n}^2}\sqrt{\hat{\alpha}_{k,n}\alpha_{k,n}}\right) \quad (2-10)$$

其中，$\hat{\alpha}_{k,n} = |\hat{H}_{k,n}|^2$。

2.2.3　CSI 反馈信道容量受限

本小节主要研究实际系统中在用户反馈信道容量有限导致基站所获得 CSI 存在

量化误差条件下，真实 CSI 相对于基站通过反馈信道得到的 CSI 的条件概率分布表达式。这里假设反馈信道本身不存在噪声的干扰，用户使用能够达到信源编码率失真下限的方式对于 CSI 进行编码，保证反馈速率有限的条件下可以获得最小的 CSI 失真度。

每一个用户 k 采用有限个符号 $I_k \in \mathcal{I}_k = \{1, 2, \ldots, 2^{R_k}\}$ 表示下行信道状态信息 $\boldsymbol{H}_k$，并将 I_k 反馈给基站。基站根据接收到的 CSI 的编码符号 I_k 解码后获得相应用户的信道状态信息 $\hat{\boldsymbol{H}}_k = (\hat{H}_{k,1}, \ldots, \hat{H}_{k,N})^{\mathrm{T}}$，其中 $\hat{H}_{k,n}$ 表示量化编码后的 $H_{k,n}$。定义失真函数

$$d(\boldsymbol{H}_k, \hat{\boldsymbol{H}}_k) = \sum_{n=1}^{N} |H_{k,n} - \hat{H}_{k,n}|^2$$

表示基站获得的信道状态信息 $\hat{\boldsymbol{H}}_k$ 相对于实际 $\boldsymbol{H}_k$ 的失真度。这样，给定平均失真度 D_k，即

$$E[d(\boldsymbol{H}_k, \hat{\boldsymbol{H}}_k)] \leqslant D_k$$

定义信道状态信息的率失真函数为

$$R_k(D_k) = \inf I(\boldsymbol{H}_k; \hat{\boldsymbol{H}}_k)$$

其中，$I(\boldsymbol{H}_k; \hat{\boldsymbol{H}}_k)$ 表示 $\boldsymbol{H}_k$ 和 $\hat{\boldsymbol{H}}_k$ 之间的互信息量。

根据信源编码理论[43]，率失真函数 $R_k(D_k)$ 表示在一定失真度 D_k 的条件下，使得信息 I_k 传输速率最小的数值，当且仅当用户 k 的反馈信道的容量 C_k 满足 $C_k > R_k(D_k)$，基站所获得的信道状态信息 $\hat{\boldsymbol{H}}_k$ 相对于真实信道状态信息 $\boldsymbol{H}_k$ 的失真度小于等于 D_k。因此 $R(D)$ 反映了用户对 CSI 进行量化编码的最小失真度，有以下定理：

定理 设 $\boldsymbol{H}_k$ 服从零均值的复高斯分布，即 $\boldsymbol{H}_k \sim \mathcal{CN}(\boldsymbol{0}, \boldsymbol{\Sigma}_{H_k})$，其中 $\boldsymbol{\Sigma}_{H_k}$ 由式（2-5）给出。对矩阵 $\boldsymbol{\Sigma}_{H_k}$ 进行特征值分解

$$\boldsymbol{\Sigma}_{H_k} = \boldsymbol{U}_k \boldsymbol{\Lambda}_k \boldsymbol{U}^{\mathrm{H}} \tag{2-11}$$

其中，$\boldsymbol{U}_k$ 是维度为 $N \times N$ 的正交矩阵，即 $\boldsymbol{U}_k^{\mathrm{H}} \boldsymbol{U}_k = \boldsymbol{I}_N$；$\boldsymbol{\Lambda}_k$ 是 $N \times N$ 的对角矩阵，$[\boldsymbol{\Lambda}_k]_{n,n} = \lambda_{k,n}$。

（1）$\boldsymbol{H}_k$ 的率失真函数为

$$R_k(D_k) = \sum_{n=1}^{N} \log_2 \max\left\{\frac{\lambda_{k,n}}{\theta_k}, 1\right\} \tag{2-12}$$

其中，

$$D_k = \sum_{n=1}^{N} \min\{\theta_k, \lambda_{k,n}\} \tag{2-13}$$

这里，参数 θ_k 可由在给定失真度 D_k 下参考式（2-13）计算得到。

（2）$\boldsymbol{H}_k$ 和 $\hat{\boldsymbol{H}}_k$ 当且仅当在满足以下关系时，可以达到率失真函数：

$$\boldsymbol{H}_k = \hat{\boldsymbol{H}}_k + \boldsymbol{U}_k \boldsymbol{Z}_k, \hat{\boldsymbol{H}}_k = \boldsymbol{U}_k \hat{\boldsymbol{Y}}_k \tag{2-14}$$

其中，$\hat{\boldsymbol{Y}}_k = (\hat{Y}_{k,1}, \dots, \hat{Y}_{k,N})^{\mathrm{T}}$ 和 $\boldsymbol{Z}_k = (Z_{k,1}, \dots, Z_{k,N})^{\mathrm{T}}$ 是彼此独立的复高斯随机矢量，分别满足 $\hat{Y}_{k,n} \sim \mathcal{CN}(0, \max\{\lambda_{k,n} - \theta_k, 0\})$，$Z_{k,n} \sim \mathcal{CN}(0, \min\{\lambda_{k,n}, \theta_k\})$。

为证明上述定理，我们先给出一元复高斯随机变量的率失真函数如下。

引理 2.1 设变量 y 服从零均值复高斯分布 $y \sim \mathcal{CN}(0, \sigma^2)$，则变量 y 的率失真函数 $R(D)$ 为

$$R(D) = \begin{cases} \log_2 \dfrac{\sigma^2}{D} & 0 \leqslant D \leqslant \sigma^2 \\ 0 & D > \sigma^2 \end{cases} \tag{2-15}$$

当且仅当满足 $y = \hat{y} + z$ 时，在满足失真的限制值 D 的情况下，信息传输速率达到率失真函数 $R(D)$。其中，z 和 $\hat{y}$ 是相互独立的复高斯随机变量，分别满足 $\hat{y} \sim \mathcal{CN}(0, \sigma^2 - \min\{\sigma^2, D\})$ 和 $z \sim \mathcal{CN}(0, \min\{\sigma^2, D\})$。

根据引理 2.1，我们给出定理的证明过程如下：

证明： 首先，对随机向量 $\boldsymbol{H}_k$ 进行正交变换

$$\boldsymbol{Y}_k = \boldsymbol{U}_k^H \boldsymbol{H}_k \tag{2-16}$$

可知，根据式（2-11），随机向量 $\boldsymbol{Y}_k$ 各个分量相互独立，满足分布 $\boldsymbol{Y}_k \sim \mathcal{CN}(\boldsymbol{0}_N, \boldsymbol{\Lambda}_k)$。由于对向量进行正交变换不改变其互信息量和失真度[43]，因此有 $I(\boldsymbol{Y}_k; \hat{\boldsymbol{Y}}_k) = I(\boldsymbol{H}_k; \hat{\boldsymbol{H}}_k) d(\boldsymbol{Y}_k, \hat{\boldsymbol{Y}}_k) = d(\boldsymbol{H}_k, \hat{\boldsymbol{H}}_k)$，向量 $\boldsymbol{Y}_k$ 和 $\boldsymbol{H}_k$ 的率失真函数相同，其中 $\hat{\boldsymbol{Y}}_k = \boldsymbol{U}_k^H \hat{\boldsymbol{H}}_k$。可计算

$$I(\boldsymbol{Y}_k; \hat{\boldsymbol{Y}}_k) = h(\boldsymbol{Y}_k) - h(\boldsymbol{Y}_k \mid \hat{\boldsymbol{Y}}_k)$$

$$\overset{\text{2-17a}}{=} \sum_{n=1}^{N} h(Y_{k,n}) - \sum_{n=1}^{N} h(Y_{k,n} \mid \hat{\boldsymbol{Y}}_k) \overset{\text{2-17b}}{\geqslant} \sum_{n=1}^{N} h(Y_{k,n}) - \sum_{n=1}^{N} h(Y_{k,n} \mid \hat{Y}_{k,n}) \qquad (2\text{-}17)$$

$$= \sum_{n=1}^{N} I(Y_{k,n}; \hat{Y}_{k,n}) \overset{\text{2-17c}}{\geqslant} \sum_{n=1}^{N} R_{k,n}(D_{k,n}) \overset{\text{2-17d}}{=} \sum_{n=1}^{N} \log_2 \max\left\{\frac{\lambda_{k,n}}{D_{k,n}}, 1\right\}$$

其中，$D_{k,n} = E[\mid Y_{k,n} - \hat{Y}_{k,n}\mid^2]$，式（2-17a）根据 $\boldsymbol{Y}_k$ 的各个分量相互独立得到，式（2-17d）根据引理 2.1 得到。此外，根据条件熵的性质[21]，不等式（2-17b）等号成立当且仅当

$$f(\boldsymbol{Y}_k \mid \hat{\boldsymbol{Y}}_k) = \prod_{n=1}^{N} f(Y_{k,n} \mid \hat{Y}_{k,n}) \qquad (2\text{-}18)$$

根据引理 2.1，不等式（2-17c）等号成立当且仅当

$$Y_{k,n} = \hat{Y}_{k,n} + Z_{k,n} \qquad (2\text{-}19)$$

其中，$\hat{Y}_{k,n}$ 和 $Z_{k,n}$ 为相互独立的复高斯随机变量，满足 $\hat{Y}_{k,n} \sim \mathcal{CN}(0, \lambda_{k,n} - \min\{\lambda_{k,n}, D_{k,n}\})$，$Z_{k,n} \sim \mathcal{CN}(0, \min\{\lambda_{k,n}, D_{k,n}\})$。根据式（2-18），当式（2-17b）和式（2-17d）的等号成立时，随机向量 $\boldsymbol{Z}_k = (Z_{k1}, \ldots, Z_{kN})^{\mathrm{T}}$ 的各个分量之间相互独立。由于向量 $\boldsymbol{Y}_k$ 的各个分量是相互独立的，向量 $\hat{\boldsymbol{Y}}_k$ 的各个分量也相互独立。通过求解以下优化问题得到 $\boldsymbol{Y}_k$ 的率失真函数。

$$\min_{D_{k,n}} \sum_{n=1}^{N} \log_2 \max\left\{\frac{\lambda_{k,n}}{D_{k,n}}, 1\right\}$$

$$\text{subject to} \quad \sum_{n=1}^{N} D_{k,n} = D_k \qquad (2\text{-}20)$$

该问题的拉格朗日函数为

$$L = \sum_{n=1}^{N} \log_2 \max\left\{\frac{\lambda_{k,n}}{D_{k,n}}, 1\right\} + \mu\left(\sum_{n=1}^{N} D_{k,n} - D_k\right)$$

$$= -\mu D_k + \sum_{n=1}^{N}\left(\log_2 \max\left\{\frac{\lambda_{k,n}}{D_{k,n}}, 1\right\} + \mu D_{k,n}\right) \qquad (2\text{-}21)$$

其中，μ 是约束条件 $\sum_n D_{k,n} = D_k$ 对应的拉格朗日乘子。将拉格朗日函数 L 对于 $D_{k,n}$ 求偏导，有

$$\frac{\partial L}{\partial D_{k,n}} = \begin{cases} -\dfrac{\log_2 e}{D_{k,n}} + \mu & 0 \leqslant D_{k,n} \leqslant \lambda_{k,n} \\ \mu & D_{k,n} > \lambda_{k,n} \end{cases}$$

并且 $D_{k,n}$ 应满足 $D_{k,n} = \min\{\theta_k, \lambda_{k,n}\}$，其中 $\theta_k = \log_2 e / \mu$。结合约束条件 $\sum_n D_{k,n} = D_k$，定理的第一部分得证。此外根据式（2-19）和 $\boldsymbol{H}_k = \boldsymbol{U}_k \boldsymbol{Y}_k$，$\hat{\boldsymbol{H}}_k = \boldsymbol{U}_k \hat{\boldsymbol{Y}}_k$，可证得定理的第二部分。

根据定理，$\boldsymbol{U}_k \boldsymbol{Z}_k$ 和 $\hat{\boldsymbol{H}}_k$ 的概率分布为

$$\boldsymbol{U}_k \boldsymbol{Z}_k \sim \mathcal{CN}(\boldsymbol{0}_N, \boldsymbol{\Sigma}_k), \hat{\boldsymbol{H}}_k \sim \mathcal{CN}(\boldsymbol{0}_N, \boldsymbol{\Sigma}_{\boldsymbol{H}_k} - \boldsymbol{\Sigma}_k) \tag{2-22}$$

其中，$\boldsymbol{\Sigma}_k = \boldsymbol{U}_k \boldsymbol{\Sigma}_{\boldsymbol{Z}_k} \boldsymbol{U}_k^{\mathrm{H}}$，$\boldsymbol{\Sigma}_{\boldsymbol{Z}_k} = \mathrm{diag}(\min\{\lambda_{k,1}, \theta_k\}, \ldots, \min\{\lambda_{k,N}, \theta_k\})$。令矩阵 $\boldsymbol{\Sigma}_k$ 的第 n 个对角元素为 $\sigma_{k,n}^2$，即 $\sigma_{k,n}^2 = [\boldsymbol{\Sigma}_k]_{n,n}$，$\sigma_{k,n}^2$ 可以看作是基站得到的 $\hat{H}_{k,n}$ 与真实 $H_{k,n}$ 之间的误差。

根据定理的式（2-14）和式（2-22），$H_{k,n}$ 在给定 $\boldsymbol{H}_k$ 下的条件概率分布和 $H_{k,n}$ 在给定 $\hat{H}_{k,n}$ 下的相同，为 $H_{k,n} \mid \hat{\boldsymbol{H}}_{k,n} = H_{k,n} \mid \hat{H}_{k,n} \sim \mathcal{CN}(\hat{H}_{k,n}, \sigma_{k,n}^2)$。因此 $\alpha_{k,n} = |H_{k,n}|^2$ 在给定 $\hat{\boldsymbol{H}}_k$ 下的条件概率分布同样满足自由度为 2 的 $NC x^2$ 分布，即

$$f(\alpha_{k,n} \mid \hat{\boldsymbol{H}}_k) = f(\alpha_{k,n} \mid \hat{\alpha}_{k,n}) = \frac{1}{\sigma_{k,n}^2} \mathrm{e}^{\frac{\hat{\alpha}_{k,n} + \alpha_{k,n}}{\sigma_{k,n}^2}} I_0 \left(\frac{2}{\sigma_{k,n}^2} \sqrt{\hat{\alpha}_{k,n} \alpha_{k,n}} \right) \tag{2-23}$$

其中，$\hat{\alpha}_{k,n} = |\hat{H}_{k,n}|^2$。

定理有两类特殊情形。第一类是 $\theta_k = 0$ 时，根据式（2-12），式（2-13）和式（2-22），有 $D_k = 0$，$R_k(D_k) = +\infty$，$\boldsymbol{\Sigma}_k = \boldsymbol{0}$，此时对应基站可以得到用户全部 CSI 的情况，相应的反馈信道的容量要求为 $C_k = +\infty$，$\alpha_{k,n} \mid \hat{\alpha}_{k,n}$ 满足

$$f(\alpha_{k,n} \mid \hat{\alpha}_{k,n}) = \delta(\alpha_{k,n} - \hat{\alpha}_{k,n}) \tag{2-24}$$

其中，$\delta(\cdot)$ 为狄拉克 delta 函数。

第二类是 $\theta_k = +\infty$，有 $D_k = \sum_n \lambda_{k,n} = \mathrm{Tr}(\boldsymbol{\Sigma}_{\boldsymbol{H}_k})$，$R_k(D_k) = 0$，$\boldsymbol{\Sigma}_k = \boldsymbol{\Sigma}_{\boldsymbol{H}_k}$，在给定反馈 $\hat{H}_{k,n}$ 下实际 $H_{k,n}$ 的条件分布为

$$f(\alpha_{k,n} \mid \hat{\alpha}_{k,n}) = \frac{1}{\sigma_{k,n}^2} \exp\left(-\frac{\alpha_{k,n}}{\sigma_{k,n}^2} \right) \tag{2-25}$$

此时对应于基站没有收到反馈的情形。

通过分析可以发现，在上述三种部分 CSI 的条件下，真实的信道增益 $\alpha_{k,n}$ 相对于基站所获得的不完全的信道增益 $\hat{\alpha}_{k,n}$ 的条件概率分布均满足自由度为 2 的非中心卡方分布，且形式上完全相同，即式（2-3）、式（2-10）和式（2-23），其中 $\sigma_{k,n}^2$ 可以看作是基站所获得的不完全 CSI 与真实 CSI 之间的误差。因此可以根据该条件概率分布 $f(\alpha_{k,n}|\hat{\alpha}_{k,n})$ 对部分 CSI 下 OFDMA/NOMA 系统的性能进行优化。

2.3 OFDMA 系统中物理层安全的资源分配问题研究

2.3.1 研究背景

网络安全作为无线通信中的核心问题，近些年来引起了高度的关注。由于无线网络天然的广播特性，所有在有效通信距离内的监听节点都可以接收到无线信号。目前在上层网络使用的加密方式不仅因为密钥分发过程增加了极大的系统开销，而且伴随着当前终端计算能力的快速提升而导致密码破译难度降低，造成了安全隐患。

物理层安全技术可以很好应对传统安全加密算法带来的隐患。物理层安全是一种以信息论为基础，利用无线信道的各种随机性和差异性以及先进的信号处理技术可以直接阻止非法窃听用户对于保密信息的有效获取。当合法用户的信道增益优于窃听用户的信道增益时，合法用户的信道容量会大于窃听用户的信道容量。通过先进的信号处理技术以利用合法用户的信道优势对保密信息进行传输，即使窃听用户接收到了信号但却无法获取到保密信息。因而，利用物理层安全理论，通信过程中不再需要进行密钥分发，也无需复杂度很高的加解密算法，而是充分利用信道之间的差异性，通过编码、调制等通信技术来实现信息的安全传输。

物理层安全的理论基础是 Shannon 在 1949 年首先提出的加密系统和安全模型[44]。随后在 1975 年，Wyner 提出了窃听信道模型[45]，如图 2-2 所示，在此模型中合法用户的信道为离散无记忆信道，而窃听信道为合法信道的退化信道。Wyner 证明了在窃听信道模型条件下系统不依赖任何安全密钥可以实现绝对安全通信。Wyner 同时给出了退化窃听信道（Degraded Wiretap Channel，DWC）的保密容量为

$$C_s = \max_{p(x),\, p(y,z|x)} \{ I(X;Y) - I(X;Z) \} \tag{2-26}$$

其中，X, Y, Z 分别为合法信道的输入、输出以及退化信道后的信道输出；$p(x)$ 为信道输入 X 的概率分布；$p(y,z|x)$ 为信道的转移概率分布。

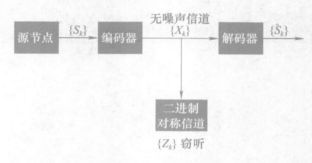

图 2-2 窃听信道模型

Wyner 的安全理论为保密信息的安全传输提供了理论基础，绝对安全理论使得物理层安全的实现无需顾忌窃听者的计算能力即可保证信道的绝对安全传输。在 Wyner 之后，Leung-Yan-Cheong 将窃听信道理论拓展到了高斯信道[46]，证明在高斯信道下实现安全传输是可行的。Csiszár 和 Korner 则将 Wyner 的理论扩展到广播信道中[47]，并给出了广播信道安全容量的表达式：

$$C_s = \max I(S;X) - I(S;Z) \tag{2-27}$$

进入 20 世纪 90 年代以来，伴随着多天线、协作通信、安全编码等技术的发展，使得物理层安全在实践中具备了可实现性。除了传统的三点式模型，基于多输入多输出（Multiple Input Multiple Output，MIMO）技术、中继与协作通信技术、OFDMA 与 NOMA 技术等领域的物理层安全问题也在不断引来学术和产业界的关注。

随着物理层安全理论研究的深入，特别是当前 5G 通信标准的推进过程中对于安全

问题的重视，针对 OFDMA 系统中物理层安全问题的资源分配算法研究也越来越受到重视。文献 [48] 研究了并行信道条件下的物理层安全问题，证明了系统整体的安全容量是所有并行子信道的容量之和。文献 [49] 利用各子载波信道状态信息的差异性，在发射功率一定的条件下，给出最优的功率和子载波分配方案来最大化系统整体的安全保密容量。在文献 [50-51] 中，作者研究了多径衰落信道下 OFDMA 系统中的物理层安全问题，分析了不同载波下的信道差异性和载波数量对于系统安全性能的影响。而对于多用户 OFDMA 系统中的物理层安全资源分配问题，文献 [52-53] 讨论了部分用户的物理层安全问题，文中假设 OFDMA 系统中有两种用户，一种为有安全保密需求的特殊用户，另一种为没有安全保密需求的普通用户。系统以假设能够完美获知所有用户信道状态信息为前提，设定特殊用户的安全容量门限，在满足每一个特殊用户安全容量需求的条件下，通过子载波与功率联合资源优化分配方案，实现普通用户信道容量的最大化。该方案解决了部分用户的安全传输问题，并且能够在一定程度上提升系统整体的容量。

通过以上分析可以发现，现有对于 OFDMA 系统中物理层安全问题的研究需要从以下两个角度进行加强。首先是可以实时获得非法窃听用户的假设不符合实际系统应用需求。基站端在获得合法用户和窃听用户 CSI 的过程中，信道估计误差、信道传输时延、反馈信道容量受限等因素均会导致基站端得到的 CSI 是非完美的部分 CSI，此时基于完美 CSI 假设所给出的资源分配方案也将不再适用。因此需要迫切解决如何在部分 CSI 的条件下进行物理层安全问题的资源分配。其次是如何在多用户的 OFDMA 系统中保证所有合法用户的安全传输。在以往多数研究中，均将最大化系统整体的保密容量作为 OFDMA 系统资源分配的具体优化目标，很难保证全部合法用户的安全传输需求。文献 [52-53] 只考虑了多用户 OFDMA 系统中部分用户的物理层安全问题，当系统中所有用户都要求安全传输时，此方案将无法提供安全保障。因此如何有效利用系统资源来提高系统的整体安全性需要进一步研究与讨论，如何能够保证所有合法用户安全通信的公平性问题亟待解决。

综上所述，本节将主要研究部分信道状态信息下，当多用户 OFDMA 系统中存在非法入侵的窃听用户时，如何通过对频谱和功率的合理分配，采用物理层安全技术保证全部合法用户的安全通信，将最大化系统中最小的安全保密容量作为本研究问题的优化目标。

2.3.2　系统模型与问题建模

对于存在窃听用户的多用户 OFDMA 系统，系统模型如图 2-3 所示。假设系统中包含一个通信基站，K 个活跃的用户和 N 个子载波，分别用集合 $\mathcal{K} = \{1, 2, \cdots, K\}$ 和 $\mathcal{N} = \{1, 2, \cdots, N\}$ 进行表示。与此同时，系统中存在一个具有伪装特性的被动窃听用户，其目的是窃听整个频带资源内每个承载数据的子载波内的发射信号，希望解密出合法用户的保密信息。假设整个系统采用的是 FDD 的全双工方式，即基站需要通过用户的反馈来获得用户下行信道的状态信息。假设系统中的窃听者是一位既诚实而又好奇的非法入侵用户，他尽力把自己伪装成一个合法用户，会按照合法用户的通信体制向基站上报自己的信道状态信息以求达到最好的伪装，并趁机窃听到合法授权和服务用户的信息。因此，基站能够了解到窃听者的存在并且可以像其他合法用户那样获得其存在一定误差的部分信道状态信息。令子载波 $n \in \mathcal{N}$ 上，基站和用户 $k \in \mathcal{K}$ 之间真实的下行信道增益为 $H_{n,k}$，而窃听用户和基站之间下行信道增益为 $H_{n,e}$，同时使用 $\hat{H}_{n,k}$ 和 $\hat{H}_{n,e}$ 分别表示基站通过各自反馈信道获得的 $H_{n,k}$ 和 $H_{n,e}$ 的部分信息。

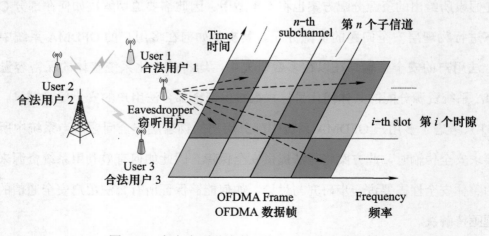

图 2-3　存在窃听节点的下行 OFDMA 系统模型

根据 2.2 小节中讨论的结果可知，真实信道状态信息相对于部分信道状态信息的

条件概率分布满足 $(H_{n,k}|\hat{H}_{n,k})\sim\mathcal{CN}(H_{n,k},\sigma_{n,k}^2)$，其中 $\sigma_{n,k}^2$ 是 CSI 的误差。定义在给定噪声功率方差 σ_v^2 的条件下，信道增益噪声比（Channel-gain-to-noise ratio，CNR）为 $\gamma_{n,k}=\dfrac{|H_{n,k}|^2}{\sigma_v^2}$，$\hat{\gamma}_{n,k}=\dfrac{|\hat{H}_{n,k}|^2}{\sigma_v^2}$ 表示 $\gamma_{n,k}$ 的估计值，因此，CNR 的真实值 $\gamma_{n,k}$ 相对于 CNR 估计值 $\hat{\gamma}_{n,k}$ 的条件概率分布同样满足自由度为 2 的 NC_{x^2} 分布：

$$f(\gamma_{n,k}|\hat{\gamma}_{n,k})=\frac{1}{\alpha_{n,k}}\mathrm{e}^{-\frac{\gamma_{n,k}+\hat{\gamma}_{n,k}}{\alpha_{n,k}}}I_0\left(\frac{2}{\alpha_{n,k}}\sqrt{\gamma_{n,k}\hat{\gamma}_{n,k}}\right) \tag{2-28}$$

其中，$\alpha_{n,k}=\dfrac{\sigma_{n,k}^2}{\sigma_v^2}$ 是信道估计误差和噪声方差之比。

因此，在给定部分 CSI 的条件下，当子载波 n 分配给用户 k 时，用户在该在子载波上传输的遍历信道容量为

$$\begin{aligned}R_{n,k}(p_n,\hat{\gamma}_{n,k})&=E_{\gamma_{n,k}}\{\log_2(1+p_n\gamma_{n,k})|\hat{\gamma}_{n,k}\}\\&=\int_0^{+\infty}\log_2(1+p_n\gamma_{n,k})\frac{1}{\alpha_{n,k}}\cdot\mathrm{e}^{-\frac{\gamma_{n,k}+\hat{\gamma}_{n,k}}{\alpha_{n,k}}}I_0\left(\frac{2}{\alpha_{n,k}}\sqrt{\gamma_{n,k}\hat{\gamma}_{n,k}}\right)\mathrm{d}\gamma_{n,k}\end{aligned} \tag{2-29}$$

命题 2.2 在给定 $\alpha_{n,k}$ 的条件下，$R_{n,k}(p_n,\hat{\gamma}_{n,k})$ 是 $\alpha_{n,k}$ 的增函数。

证明：根据式（2-28）中的条件概率表达式，将遍历容量的表达式（2-29）改写成

$$E_{\gamma_{n,k}}\{\log_2(1+p_{n,k}\gamma_{n,k})|\hat{\gamma}_{n,k}\}=\int_0^{+\infty}\log_2(1+ax)\mathrm{e}^{-(t+x)}I_0(2\sqrt{tx})\mathrm{d}x=F(t)$$

其中，$x=\dfrac{\gamma_{n,k}}{\alpha_{n,k}}$；$t=\dfrac{\hat{\gamma}_{n,k}}{\alpha_{n,k}}$；$\alpha=p_{n,k}\alpha_{n,k}$。将 $I_0(\cdot)$ 进行泰勒展开[54]，有

$$I_0(z)=\sum_{i=0}^{+\infty}\frac{1}{i!i!}\left(\frac{z}{2}\right)^{2i} \tag{2-30}$$

这样

$$F(t)=\mathrm{e}^{-t}\sum_{i=0}^{+\infty}\frac{t^i}{i!i!}\int_0^{+\infty}\log_2(1+ax)\mathrm{e}^{-x}x^i\mathrm{d}x \tag{2-31}$$

对 $F(t)$ 求导，有

$$F'(t) = e^{-t} \sum_{i=0}^{+\infty} \frac{t^i}{i!(i+1)!} \int_0^{+\infty} \log_2(1+ax) \cdot e^{-x}[x^{i+1} - (i+1)x^i]dx$$

$$= \frac{e^{-t}}{\ln 2} \sum_{i=0}^{+\infty} \frac{t^i}{i!(i+1)!} G_i \qquad (2-32)$$

其中， $G_i = \int_0^{+\infty} \ln(1+ax)e^{-x}[x^{i+1} - (i+1)x^i]dx$ 。此外，

$$G_i = \int_0^{+\infty} \ln(1+ax)e^{-x}x^{i+1}dx - (i+1)\int_0^{+\infty} \ln(1+ax)e^{-x}x^i dx$$

$$= -\int_0^{+\infty} \ln(1+ax)x^{i+1}de^{-x} - (i+1)\int_0^{+\infty} \ln(1+ax)e^{-x}x^i dx$$

$$= -\ln(1+ax)e^{-x}x^{i+1} \big|_{x=0}^{x=+\infty} + \int_0^{+\infty} e^{-x}d[\ln(1+ax)x^{i+1}] - (i+1)\int_0^{+\infty} \ln(1+ax)e^{-x}x^i dx \qquad (2-33)$$

$$= \int_0^{+\infty} e^{-x}\left[\frac{a}{1+ax}x^{i+1} + (i+1)\ln(1+ax)x^i\right]dx - (i+1)\int_0^{+\infty} \ln(1+ax)e^{-x}x^i dx$$

$$= \int_0^{+\infty} e^{-x}\frac{a}{1+ax}x^{i+1}dx > 0$$

因此有 $F'(t) > 0$ ，即 $F(t)$ 是关于 t 的单调递增函数，原命题得证。

根据命题 2.2 可以得出在假设子载波 n 分配给用户 k 的情况下，该用户可以获得的遍历安全容量 [55] 为

$$C_{n,k}(p_n) = \{E_{\gamma_{n,k}}[\log_2(1+p_n\gamma_{n,k})|\hat{\gamma}_{n,k}] - E\gamma_{n,e}[\log_2(1+p_n\gamma_{n,e})|\hat{\gamma}_{n,e}]\}^+ \qquad (2-34)$$

其中， $[x]^+ = \max\{0, x\}$ 。前文中已经提到了在本书的研究工作中，假设非法窃听用户是混迹在合法用户之中的，他们具有相同的平均信道增益并且按照相同的机制进行 CSI 反馈，这样合法用户与非法用户 CSI 误差的方差也是相同的，因此有

$$C_{n,k} = \begin{cases} E_{\gamma_{n,k}}[\log_2(1+p_{n,k}\gamma_{n,k})|\hat{\gamma}_{n,k}] \\ -E_{\gamma_{n,e}}[\log_2(1+p_n\gamma_{n,e})|\hat{\gamma}_{n,e}] & \text{if } \hat{\gamma}_{n,k} > \hat{\gamma}_{n,e} \\ 0 & \text{if } \hat{\gamma}_{n,k} < \hat{\gamma}_{n,e} \end{cases} \qquad (2-35)$$

本节主要研究在给定总功率约束的条件下，调整子载波和功率分配方案，最大化用户最小的安全通信速率问题的数学建模如下：

$$\max_{p_{n,k},p_n} \min_k \sum_{n\in N} \rho_{n,k} C_{n,k}(p_n)$$

$$\text{s. t.} \sum_{k\in\mathcal{K},n\in\mathcal{N}} \rho_{n,k} p_{n,k} \leqslant P_T \qquad ①$$

$$\sum_{k\in\mathcal{K}} \rho_{n,k} = 1, n\in\mathcal{N} \qquad ②$$

$$\rho_{n,k} \in \{0,1\}, n\in\mathcal{N}, k\in\mathcal{K} \qquad ③$$

$$0 \leqslant p_n \leqslant P_T, n\in\mathcal{N}, k\in\mathcal{K} \qquad ④$$

(2-36)

其中，$\rho_{n,k}$ 为子载波分配的指标变量：$\rho_{n,k}=1$ 表示子载波 n 分配给用户 k，反之为 0；$\boldsymbol{P}=[p_n]_{N\times1}$ 表示各个子载波上的功率分配向量。第①个和第③个约束条件表示总功率约束，其中 $P_T>0$ 为基站的发射总功率；第②个和第③个约束则表示每一个子载波只能分配给一个用户使用。

从实际应用的角度出发，问题（2-36）有非常重要的实践意义，主要有两个方面的原因。首先，与传统的最大化系统整体和保密速率的准则相比，采用"最大化最小准则"可以保证用户之间的公平性，因为它保障了不同用户安全通信速率的平衡，可以避免一个或几个特权用户（即信道状态极佳的用户）垄断所有的通信资源。其次，实际通信系统中由于反馈信道的容量有限，所以基站获得的 CSI 只能是经过量化后的部分 CSI，会导致相应资源分配方案的性能下降。因此，分析 OFDMA 系统中部分 CSI 对于物理层安全资源分配问题的影响是十分必要的。

2.3.3　最优解算法

由于二进制变量 $\rho_{n,k}$ 的存在以及目标函数 $C_{n,k}(p_{n,k})$ 是对数函数的积分，问题（2-36）显然是混合整数非线性规划问题，即非确定性多项式困难度（Non-deterministic polynomial hard，NP-hard）的问题。求得最优解的计算复杂度非常高，可以通过枚举所有可能的子载波分配方案来得到原问题的最优解。由于每一个子载波仅能够分配给一个用户，因此一共有 K^N 种子载波分配的可能。在 2.3.4 小节中将讨论在给定子载波分配结果 $\{\rho_{n,k}\}$ 的情况下，求解功率分配问题可以转化为一个凸优化问题，进而求得给定子载波分配方案条件下的最优功率分配方案，求解最优解的具体算法描述如下：

算法 2.1 求最优解的方法

1: 初始化 $C^* = \min_k C_k, k \in \mathcal{K}$

2: **for all** 可能的 $\rho_{k,n}$ **do**

3:　　for $n = 1$ to N **do**

4:　　　按照式（2-42）和式（2-43）求解 p_n

5:　　**end for**

6:　　计算 $C = \min_k \sum_{n \in N} \rho_{n,k} C_{n,k}(p_n), k \in \mathcal{K}$

7:　　**if** $C > C^*$ **then**

8:　　　更新 $C^* = C$，记录当前的 $\{\rho_{k,n}\}$ 和 $\{p_n\}$

9:　　**end if**

10: **end for**

11: **retrun** C^* 以及达到 C^* 对应的 $\{\rho_{k,n}\}$ 和 $\{p_n\}$

其中，$C_k, k \in \mathcal{K}$ 表示每个合法用户的安全通信速率。

2.3.4 次优解算法

由上一小节讨论可知，求解问题（2-36）的最优解需要很高的复杂度，因此本小节主要介绍一种求解该问题的次优算法，将原问题分解为子载波和功率分配两个子问题来分别解决。首先在每个子载波等功率分配的假设条件下，为合法用户分配可用的子载波 $\{\rho_{n,k}\}$；然后根据前一步子载波分配的结果，给出每一个子载波上最优的功率分配方案。

1. 给定子载波分配方案下的功率分配算法

本小节首先介绍在给定子载波分配条件下的最优功率分配方案。假设 N_k 表示所有分配给用户 k 的子载波的集合，并且用户的安全通信速率 $C_{n,k}(p_n) > 0$，因为在一般情况下为安全速率 $C_{n,k}(p_n) = 0$ 的用户分配子载波是没有任何意义的。我们将原问

题改写成

$$\max_{p_{n,k},r} \quad r \tag{2-37a}$$

$$\text{s.t.} \quad 0 \leqslant r \leqslant \sum_{n \in \mathcal{N}_k} C_{n,k}(p_{n,k}), k \in \mathcal{K}, \tag{2-37b}$$

$$\sum_{k \in \mathcal{K}, n \in \mathcal{N}_k} p_{n,k} \leqslant P_T \tag{2-37c}$$

对于问题（2-37）来说，我们有以下结论：

命题 2.3 问题（2-37）是一个凸问题。

证明： 问题（2-37）的目标函数是关于安全速率 r 的线性函数，同时约束条件式（2-37c）也是优化变量 p_n 的线性函数，因此我们将目光主要放在安全速率约束式（2-37b）上。在公式里 $C_{n,k}(\cdot)$ 对于变量 p_n 的二阶导数为

$$\frac{\partial^2 C_{n,k}}{\partial p_{n,k}^2} = \frac{1}{\ln 2} \left\{ E_{\gamma_{n,k}} \left[\frac{-\gamma_{n,k}^2}{(1+p_{n,k}\gamma_{n,k})^2} \mid \hat{\gamma}_{n,k} \right] - E_{\gamma_{n,e}} \left[\frac{-\gamma_{n,e}^2}{(1+p_{n,k}\gamma_{n,e})^2} \mid \hat{\gamma}_{n,e} \right] \right\} \tag{2-38}$$

当 $\alpha_{n,k}$ 固定时，$E_{\gamma_{n,k}} \left\{ \dfrac{-\gamma_{n,k}^2}{(1+p_{n,k}\gamma_{n,k})^2} \mid \hat{\gamma}_{n,k} \right\}$ 是关于 $\hat{\gamma}_{n,k}$ 的单调递减函数。因此，根据 $\hat{\gamma}_{n,k} > \hat{\gamma}_{n,e}$ 的假设条件，总会有 $\dfrac{\partial^2 C_{n,k}}{\partial p_{n,k}^2} < 0$。因此，$C_{n,k}(p_{n,k})$ 是关于 $p_{n,k}$ 的凹函数，问题（2-37）是一个凸问题。

根据命题 2.3 可知，通过任意凸优化工具均能求得问题（2-37）的最优解。接下来，我们将介绍通过二分法给出最优功率分配方案的半闭合式解。

设固定的速率 r_f 满足 $0 < r_f \leqslant \max_k \sum_{n \in \mathcal{N}_k} RA_{n,k}(p_{n,k})$，其中 $RA_{n,k}(p_{n,k})$ 代表所有可用功率全部被一个合法用户占用条件下的安全保密容量。显然，如果基站的发射功率足够大（很有可能要超过现有发射总功率约束 P_T），则可以保证任意合法用户 $k \in K$ 的安全通信速率都能达到 r_f。因而可以将原优化问题转化为这样一个新问题，即在保证所有合法用户均能达到安全速率门限 r_f 的条件下，最小化基站的总发射功率：

$$\min_{p_{n,k}} \sum_{k \in \mathcal{K}, n \in \mathcal{N}} p_{n,k}$$
$$\text{s.t. } r_f \leqslant \sum_{n \in \mathcal{N}_k} C_{n,k}(p_{n,k}), k \in \mathcal{K} \tag{2-39}$$
$$p_{n,k} \geqslant 0, n \in \mathcal{N}, k \in \mathcal{K}$$

可以采用对偶法在多项式的时间复杂度内得到问题（2-39）的最优解，其拉格朗日函数为[56]

$$L(\boldsymbol{P}, \boldsymbol{\lambda}, \boldsymbol{\mu}) = \sum_{k \in \mathcal{K}} \sum_{n \in \mathcal{N}} p_{n,k} + \sum_{k \in \mathcal{K}} \lambda_k \left(r_f - \sum_{n \in \mathcal{N}_k} C_{n,k}(p_{n,k}) \right) - \sum_{k \in \mathcal{K}} \sum_{n \in \mathcal{N}} \mu_{n,k} p_{n,k} \tag{2-40}$$

其中，$\boldsymbol{\lambda} = (\lambda_1, \dots, \lambda_K)$ 是拉格朗日乘子。根据 KKT 条件可得

$$\begin{cases} \dfrac{\partial L(\boldsymbol{P}, \boldsymbol{\lambda}, \boldsymbol{\mu})}{\partial p_n} \Big|_{p_n^*, \lambda_k^*, \mu_{n,k}^*} = 0, n \in \mathcal{N}, k \in \mathcal{K} \\[2mm] \lambda_k^* \left[r_f - \sum_{n \in N_k} C_{n,k}(p_{n,k}^*) \right] = 0, k \in \mathcal{K} \\[2mm] \mu_{n,k}^* p_n^* = 0 \\[1mm] p_n^* \geqslant 0, \lambda_k^* \geqslant 0, \mu_{n,k}^* \geqslant 0 \end{cases} \tag{2-41}$$

其中，p_n^* 代表子载波 n 上最优的发射功率；λ_k^* 和 $\mu_{n,k}^*$ 表示最优的拉格朗日乘子。由于 $p_n^* > 0$，因此在给定拉格朗日乘子 λ_k 条件下的最优发射功率为

$$\overline{p}_n = \begin{cases} \tilde{p}_n & \text{if}\{E_{\gamma_{n,k}}[\gamma_{n,k} \mid \hat{\gamma}_{n,k}] - E_{\gamma_{n,e}}[\gamma_{n,e} \mid \hat{\gamma}_{n,e}]\} > \dfrac{\ln 2}{\lambda_k} \\[3mm] 0 & \text{if}\{E_{\gamma_{n,k}}[\gamma_{n,k} \mid \hat{\gamma}_{n,k}] - E_{\gamma_{n,e}}[\gamma_{n,e} \mid \hat{\gamma}_{n,e}]\} < \dfrac{\ln 2}{\lambda_k} \end{cases} \tag{2-42}$$

其中 $\tilde{p}_n$ 满足

$$E_{\gamma_{n,k}} \left[\frac{\gamma_{n,k}}{1 + p_n \gamma_{n,k}} \mid \hat{\gamma}_{n,k} \right] - E_{\gamma_{n,e}} \left[\frac{\gamma_{n,e}}{1 + p_n \gamma_{n,e}} \mid \hat{\gamma}_{n,e} \right] = \frac{\ln 2}{\lambda_k} \tag{2-43}$$

为了降低计算复杂度，我们使用 Gamma 分布来近似代替式（2-23）中的 NC_{x^2} 分布：

$$f(\gamma_{k,n} \mid \hat{\gamma}_{k,n}) \approx \frac{\beta^\alpha}{\Gamma(\alpha)} \gamma_{k,n}^{\alpha-1} \exp(-\beta \gamma_{k,n}) \tag{2-44}$$

其中，$\alpha = (k_{n,k} + 1)^2 / (2k_{n,k} + 1)$ 为 Gamma 分布中的形状参数，$k_{k,n} / \alpha_{k,n}$；$\beta = \alpha / (\hat{\gamma}_{k,n} + \alpha_{k,n})$ 是 Gamma 分布中的尺度参数。根据该条件概率分布的表达式可以推导出式（2-43）的闭合表达式为

$$E_{\gamma_{n,k}}\left\{\frac{\gamma_{n,k}}{1+p_n\gamma_{n,k}}\mid\hat{\gamma}_{n,k}\right\}\approx\frac{\alpha}{p_n}\left(\frac{\beta}{p_{n,k}}\right)^{\alpha}e^{\frac{\beta}{p_n}}\Gamma\left(-\alpha,\frac{\beta}{p_n}\right) \tag{2-45}$$

其中 $\Gamma(a,x)$ 是不完整的 Gamma 函数，这种近似方式的正确性已经在文献 [57] 中得到证实。将式（2-45）带入式（2-43），通过一位搜索的方式计算每一个给定拉格朗日乘子 λ_k 下的功率分配问题，且可以使用二分法得到满足给定 $r_f=\sum_{n\in N_k}C_{n,k}(\overline{p}_{n,k})$ 条件下的最优的拉格朗日乘子 λ_k。与此同时，为了满足基站的总发射功率约束 P_T，达到最优的安全速率 r_f 的发射功率必须满足 $\sum_{n,k}\overline{p}_n\leqslant P_T$，因此可以通过二分法得到问题（2-39）中最优的安全速率 r_f。在二分法的每一次迭代中，问题（2-39）中的总功率消耗会被计算一次，通过不断调整 r_f 的大小，直至满足总功率约束 P_T 时迭代终止。给定子载波分配条件下最优的功率分配算法描述如算法 2.2 中所示。

算法 2.2 给定子载波分配结果的条件下最优的功率分配算法

1: 初始化 $r_{\min}=0, r_{\max}=\max_k\sum_{n\in\mathcal{N}_k}RA_{n,k}(p_n)$

2: **repeat**

3:     $r_f=(r_{\min}+r_{\max})/2$

4:     通过式（2-42）计算问题（2-39）的解 $\overline{p}_n, N\in\mathcal{N}$

5:     计算总发射功率的消耗 $P_c=\sum_{n,k}\overline{p}_n$

6:     **if** $P_c<P_T$ **then**

7:         更新 $r_{\min}=r_f$ 和 $p_n^*=\overline{p}_n, k\in K, n\in\mathcal{N}_k$

8:     **else**

9:         更新 $r_{\max}=r_f$

10:     **end if**

11: **until** $|r_{\max}-r_{\min}|\leqslant\varepsilon$

12: 输出 $p_n^*, n\in\mathcal{N}$

---

2. 子载波分配算法

在进行子载波分配时假设每个子载波上的发射功率相同，即 $p_{n,k}=P_T/N$，问题（2-36）转化为

$$\max_{\rho_{n,k},R} R$$

$$\text{s.t.} \sum_{n \in \mathcal{N}} \rho_{n,k} C_{n,k}(p_{n,k}) \geqslant R, \forall k, \qquad (2\text{-}46)$$

$$\sum_{k \in \mathcal{K}, n \in \mathcal{N}} \rho_{n,k} p_{n,k} \leqslant P_T$$

问题（2-46）是一个整数规划问题，求解最优解仍然需要非常高的计算复杂度。根据问题（2-46）的约束条件可以发现，目标函数实际上受限于所有合法用户中安全速率最小的用户，因此本小节提出一种基于贪婪算法思想的次优子载波分配方案：在每一次迭代中选择当前安全速率最小的用户，并且选择一个可用子载波分配给该用户，目标是使得该用户的安全速率尽可能的大。令 S 代表未被分配用户的子载波集合，C_k 为用户 k 的安全通信速率，具体算法描述如算法 2.3 中所示。注意在步骤 4 中，根据所研究问题的假设 $\alpha_{n,k} = \alpha_{n,e}$，则式（2-48）可以化简为

$$(k^*, n^*) = \arg \max_{k \in \mathcal{U}, n \in \mathcal{S}} (\hat{\gamma}_{n,k} - \hat{\gamma}_{n,e}) \qquad (2\text{-}47)$$

即按照合法用户和窃听用户的部分信道增益之差来进行子载波的分配方式。

值得注意的是，如果 OFDMA 系统使用的是 TDD 双工模式，基站端会进行上行信道的信道估计，然后根据上下行信道互易性得到下行信道的信道增益。假设基站和用户 k 在子载波 n 上的基带信道增益满足 $H_{n,k} = \hat{H}_{n,k} + \varepsilon_{n,k}$，其中 $\hat{H}_{n,k}$ 表示 $H_{n,k}$ 的估计值，$\varepsilon_{n,k}$ 表示信道估计的误差，满足 $\varepsilon_{n,k} \sim \mathcal{CN}(0, \sigma_{n,k}^2)$，$\sigma_{n,k}^2$ 为信道估计误差的方差，与 2.2.1 小节中讨论的模型相同，因此本节所研究问题的算法在 TDD-OFDMA 系统中也同样适用。

算法 2.3 基于贪婪算法的子载波分配方案

1: 初始化 $S = \{1, 2 \ldots, N\}$，$C_1 = C_2 = \ldots = C_K = 0$ 和 $\rho_{n,k} = 0, \forall k, \forall n$

2: **while** $S \neq \varnothing$ **do**

3:     确定当前安全通信速率最小的用户集合 $U = \{k : C_k \leqslant C_{k'}, \forall k' \neq k\}$

4:     在用户集合 U 和子载波集合 S 中确定安全速率最大的用户 – 子载波组合，即

$$(k^*, n^*) = \arg \max_{k \in \mathcal{U}, n \in \mathcal{S}} C_{n,k}(p_T / N, \hat{\gamma}_{n,k}) \qquad (2\text{-}48)$$

5:     将子载波 n^* 分配给用户 k^*，即 $\rho_{n^*, k^*} = 1$

6:     将子载波 n^* 从集合 S 中删除，更新 $S = S \backslash \{n^*\}$

7:     更新用户 k 的安全速率 $C_{k^*} = C_{k^*} + C_{n^*, k^*}(p_T / N, \hat{\gamma}_{n,k})$

8: **end while**

3. 复杂度分析

由于二分法的计算复杂度近似为 $\log_2 \dfrac{1}{\varepsilon}$，其中 ε 为计算精度要求。在算法 2.2 中，在外层循环需要通过二分法调整 r 的大小，同时使用二分法对于每个用户的拉格朗日乘子 λ_k，$k = 1, 2, \ldots, K$ 进行搜索。因此，给定子载波分配方案的条件下，最优功率分配算法的计算复杂度为 $O(KN\log_2(1/\epsilon))$（其中 ϵ 为计算的精度要求），由于采用穷尽搜索方式的最优子载波分配方案复杂度为 $O(K^N)$，因此最优解算法的复杂度为 $O(KN\log_2(1/\epsilon)K^N)$。而在本书所提出的子载波分配算法 2.3 中，每分配一个子载波需要确定一次当前安全速率最小的用户，复杂度为 $\mathcal{O}(K)$，假设安全速率最小的用户个数是 $U_{\min}$。在安全速率最小的用户集合中寻找合法用户安全速率最大的子载波最多需要比较 $NU_{\min}$ 个数值。由于需要分配 N 个子载波，所以子载波分配算法的复杂度为 $\mathcal{O}(KN + N^2 U_{\min})$。因为用户在各个子载波上的增益是互相独立连续的随机变量，因此安全速率的合法用户是唯一的，即 $U_{\min} = 1$，这样基于贪婪算法思想的子载波分配方法复杂度为 $\mathcal{O}(N(N + K))$，本书所提出的求解问题（2-36）的次优算法复杂度为 $\mathcal{O}(KN^2\log_2(1/\epsilon)(K + N))$。相比较于最优算法的计算复杂度 $\mathcal{O}(KN\log_2(1/\epsilon)K^N)$，本书所提算法具有多项式时间复杂度，更利于在实际系统中使用。

2.4 OFDMA 系统中能量效率的资源分配问题研究

2.4.1 研究背景

近 20 年来，信息通信技术（the Information and Communication Technology，ICT）行业发生了翻天覆地的变化，无线通信产业向前飞速发展。随着移动通信的发展，用户的需求已由单一的语音功能业务向图像、音乐、视频等多媒体综合业务方面转变，数据流量呈现爆发性增长。新型移动通信终端主要以数据通信速率、系统吞吐量和传输时延等作为优化目标。然而，较高的数据吞吐量往往意味着大量的能量消耗，结果导致了大量温室气体的排放和高额的运营支出。在最近几年，伴随着数据流量的爆炸式增长，信息与通信技术行业在全球碳足迹中占有相当大的比重。如何降低通信网络中的能量消耗，进行绿色通信成为学术和产业界重要的研究课题之一。因而，能量效率日益成为下一代绿色通信系统中需要重点考虑的衡量指标，其数值上等于消耗单位焦耳能量传输的数据量。OFDMA 多址接入技术作为广泛应用于 4G 通信系统以及未来 5G 系统的重要接入方式，利用子载波间的正交性实现用户多址接入，这将最大限度地提高频率复用，将子载波分配给高信噪比用户，大幅度增加系统容量，减少能源消耗，对于 OFDMA 系统中能量效率的资源分配问题是人们关注的一个焦点问题，吸引了学术以及产业界的广泛关注。对于现有的大多数 OFDMA 系统中的能量效率问题的研究中 [9, 10, 58]，均假设收发端可以完美获知上下行信道的状态信息。然而在实际应用场景中，由于信道估计误差、信道传输时延与量化误差等因素的影响，基站不可能完美获知用户的信道状态信息。针对非完美 CSI 对于 OFDMA 系统能量效率的影响同样得到了广泛的研究 [59~61]。其中在文献 [59] 中，作者提出了一种基于统计平均意义上的信道信息进行 OFDMA 系统中能量效率的资源分配问题。然而对于采用 FDD 制式的 OFDMA 系统，基站除了已知用户 CSI 的统计概率分布以外，还能够通过反馈信道获得用户经过量化编码后的部分 CSI。因此，在本节中主要讨论在 FDD-OFDMA 系统中，基站可以获得用户有限反馈的部分 CSI 的条件下，OFDMA 系统中能量效率最大化问题的资源分配方案。

2.4.2 系统模型与问题建模

在单小区内的 OFDMA 系统中，基站通过 N 个子载波为 K 个用户进行服务，基站和用户均配置有 1 根天线。如前文所述，假设基站或者用户能够完美获知 CSI 是不合实际的，因而在本节中主要考虑由于反馈信道容量受限导致的非完美 CSI。2.2.3 小节已经建立了反馈信道容量和 CSI 量化误差之间的联系，同时获得了真实 CNR 相对于部分 CNR 的条件概率分布表达式（2-23）。根据量化编码后的部分 CSI，当子载波 n 分配给用户 k 时，用户在该在子载波上传输的遍历信道容量为

$$R_{k,n}(p_{k,n}, \hat{\gamma}_{k,n}) = E_{\gamma_{k,n}}\{\log_2(1 + p_{k,n}\gamma_{k,n}) | \hat{\gamma}_{k,n}\} \qquad (2\text{-}49)$$

其中，$p_{k,n}$ 为用户 k 在子载波 n 上的传输功率，$E_X\{\cdot\}$ 表示变量 X 的统计平均值。令 $\boldsymbol{P} = [p_{k,n}]_{K \times N}$ 表示功率分配矩阵，$\boldsymbol{\rho} = [\rho_{k,n}]_{K \times N}$ 表示子载波分配矩阵，其中 $\rho_{k,n} = 1$ 表示将子载波 n 分配给用户 k，否则 $\rho_{k,n} = 0$。这样，定义整个下行 OFDMA 系统的通信速率为

$$R(\boldsymbol{P}, \rho) = \sum_{k=1}^{K}\sum_{n=1}^{N}\rho_{k,n}R_{k,n}(p_{k,n}, \hat{\gamma}_{k,n}) \qquad (2\text{-}50)$$

在下行链路的传输过程中，系统的功率消耗主要来自于基站，因此本节将不考虑用户的能量消耗，采用以下的功率消耗模型[62]：

$$P(\boldsymbol{P}, \rho) = \zeta\sum_{k=1}^{K}\sum_{n=1}^{N}\rho_{k,n}p_{k,n} + P_0 \qquad (2\text{-}51)$$

其中，P_0 为电路功率，当基站天线数确定时，P_0 为一个常数；ζ 表示功放漏极效率的倒数，$\sum_{k=1}^{K}\sum_{n=1}^{N}\rho_{k,n}p_{k,n}$ 表示基站实际的传输功率。因此，我们定义系统整体的能量效率（Energy Efficiency，EE）为

$$\eta = \frac{R(\boldsymbol{P}, \rho)}{P(\boldsymbol{P}, \rho)} = \frac{\sum_{k=1}^{K}\sum_{n=1}^{N}\rho_{k,n}R_{k,n}(p_{k,n}, \hat{\gamma}_{k,n})}{\zeta\sum_{k=1}^{K}\sum_{n=1}^{N}\rho_{k,n}p_{k,n} + P_0} \qquad (2\text{-}52)$$

本节在系统最大传输功率和用户最小传输速率要求的约束条件下，研究最大化系统整体能量效率的问题，该优化问题可以建模为以下的数学模型：

$$\max_{\boldsymbol{P}, \boldsymbol{\rho}} \eta = \frac{R(\boldsymbol{P}, \rho)}{P(\boldsymbol{P}, \rho)} \qquad (2\text{-}53\text{a})$$

$$\text{s.t.} \sum_{n=1}^{N}\rho_{k,n}R_{k,n}(p_{k,n}, \hat{\gamma}_{k,n}) \geqslant R_k^{\min}, \forall k \qquad (2\text{-}53\text{b})$$

$$\sum_{k=1}^{K}\sum_{n=1}^{N}\rho_{k,n}p_{k,n} \leqslant P_{\max} \qquad (2\text{-}53\text{c})$$

$$\sum_{k=1}^{K}\rho_{k,n} \leqslant 1, \forall n \qquad (2\text{-}53\text{d})$$

$$\rho_{k,n} \in \{1, 0\}, \forall k, n \qquad (2\text{-}53\text{e})$$

$$p_{k,n} \geqslant 0, \forall k, n \qquad (2\text{-}53\text{f})$$

其中，$R_k^{\min}$ 表示用户 k 要求的最小传输速率门限，$P_{\max}$ 表示基站能够提供的最大传输功率。约束条件（2-53b）保证了每个用户的通信 QoS 需求；约束条件式（2-53c）限制了系统整体的最大传输功率。约束条件式（2-53d）和式（2-53e）则表示每个子载波最多只能分配给一个用户使用，因而能够避免同频道之间的干扰。

2.4.3　能量效率最大化的资源分配方案

通过对于优化问题（2-53）的分析发现，目标函数是一个分式表达式，约束条件中包含非线性以及整型变量 $\rho_{k,n}$，因此想要获得原问题的最优解显是很困难的。问题（2-53）显然是个组合优化问题，即 NP-Hard 问题，只能通过穷尽搜索的方式得到问题的最优解，总共需要搜索 K^N 种可能性，这在实际系统中显然是不可能实现的。本小节提出了一种能够高效解决问题（2-53）但计算复杂度较低的算法，即首先通过分式优化理论将原问题转化为一个与之等效的问题，然后通过拉格朗日对偶算法得到对偶问题的最优解。

当 $p_{k,n} > 0$ 时，原问题中的目标函数（2-53a）分子是关于 $p_{k,n} > 0$ 的严格凹函数，而（2-53a）的分母是关于 $p_{k,n} > 0$ 的凸函数，因此问题（2-53）的目标函数是一个凹函数与凸函数的比值，是准凹的[56]，通过分式优化理论，该问题可以等价为一个含参的凸优化问题。根据分式优化理论，包含分式的目标函数（2-53a）可以等效为下面的含参问题：

$$\max_{\boldsymbol{P},\rho}\ R(\boldsymbol{P},\rho)-\eta P(\boldsymbol{P},\rho) \tag{2-54}$$

令 η^* 代表原问题（2-53）的最优值，则有以下结论成立[63]：

引理 2.2　定义 $F(\eta)=\max\limits_{\boldsymbol{P},\rho}\ R(\boldsymbol{P},\rho)-\eta P(\boldsymbol{P},\rho)$，$\eta=\eta^*$ 当且仅当 $F(\eta^*)=0$ 时成立。根据引理 2.2，求解问题（2-53）可以等价为寻找到方程 $\max\limits_{\boldsymbol{P},\rho}\ R(\boldsymbol{P},\rho)-\eta P(\boldsymbol{P},\rho)=0$ 的根 η^*。可以通过一维迭代搜索的方式在给定 η 的条件下计算式（2-54）的最优值，因此需要求解的是下面这个新的优化问题：

$$\max_{\boldsymbol{P},\rho} R(\boldsymbol{P},\rho) - \eta P(\boldsymbol{P},\rho) \qquad (2\text{-}55\text{a})$$

$$\text{s.t.} \quad \sum_{n=1}^{N} \rho_{k,n} R_{k,n}(p_{k,n}, \hat{\gamma}_{k,n}) \geqslant R_k^{\min}, \forall k \qquad (2\text{-}55\text{b})$$

$$\sum_{k=1}^{K} \sum_{n=1}^{N} \rho_{k,n} p_{k,n} \leqslant P_{\max} \qquad (2\text{-}55\text{c})$$

$$\sum_{k=1}^{K} \rho_{k,n} \leqslant 1, \forall n \qquad (2\text{-}55\text{d})$$

$$\rho_{k,n} \in \{1,0\}, \forall k,n \qquad (2\text{-}55\text{e})$$

$$p_{k,n} \geqslant 0, \forall k,n \qquad (2\text{-}55\text{f})$$

问题（2-55）的拉格朗日对偶函数为以下等式（2-56）：

$$
\begin{aligned}
&L(\boldsymbol{P},\rho,\lambda,\mu)\\
&= \sum_{k=1}^{K} \sum_{n=1}^{N} \rho_{k,n} R_{k,n}(p_{k,n}, \hat{\gamma}_{k,n}) - \eta\left(\zeta \sum_{k=1}^{K} \sum_{n=1}^{N} \rho_{k,n} p_{k,n} + P_0 \right) +\\
&\quad \mu\left(P_{\max} - \sum_{k=1}^{K} \sum_{n=1}^{N} \rho_{k,n} p_{k,n} \right) + \sum_{k=1}^{K} \lambda_k \left(\sum_{n=1}^{N} \rho_{k,n} R_{k,n}(p_{k,n}, \hat{\gamma}_{k,n}) - R_k^{\min} \right)\\
&= \sum_{k=1}^{K} (1 + \lambda_k) \sum_{n=1}^{N} \rho_{k,n} E_{\gamma_{k,n}}\{\log_2(1 + p_{k,n}\gamma_{k,n}) \,|\, \hat{\gamma}_{k,n}\} -\\
&\quad (\mu + \eta\zeta) \sum_{k=1}^{K} \sum_{n=1}^{N} \rho_{k,n} p_{k,n} - \eta P_0 + \mu P_{\max} - \sum_{k=1}^{K} \lambda_k R_k^{\min}
\end{aligned}
\qquad (2\text{-}56)
$$

其中，$\lambda = (\lambda_1, \lambda_2, \cdots, \lambda_K)$ 是最小速率约束中各个用户的拉格朗日乘子；μ 是总功率约束对应的拉格朗日乘子。问题（2-55）的对偶问题为[56]：

$$g(\lambda, \mu) = \max \quad L(\boldsymbol{P}, \rho, \lambda, \mu) \qquad (2\text{-}57\text{a})$$

$$\text{s.t.} \quad \sum_{k=1}^{K} \rho_{k,n} \leqslant 1, \forall n \qquad (2\text{-}57\text{b})$$

$$\rho_{k,n} \in \{1,0\}, \forall k,n \qquad (2\text{-}57\text{c})$$

$$p_{k,n} \geqslant 0, \forall k,n \qquad (2\text{-}57\text{d})$$

因此，我们将原始的优化问题转化为了在给定 λ 和 μ 的条件下最大化式（2-57）中的 $L(\boldsymbol{P}, \rho, \lambda, \mu)$。该问题可以被分解为以下两个子问题：给定子载波分配下的功率分配问题和子载波分配问题。

（1）给定子载波分配下的功率分配

当给定子载波分配方案时，用户 k 在子载波 n 上的功率分配问题可以彼此独立地进行解决。当 $\rho_{k,n}=0$ 时，显然 $p_{k,n}=0$；当 $\rho_{k,n}=1$ 时，将拉格朗日函数式（2-56）对 $p_{k,n}$ 求导，同时根据 Karush-Kuhn-Tucker（KKT）条件可得

$$E_{\gamma_{k,n}}\left\{\frac{\gamma_{k,n}}{1+p_{k,n}\gamma_{k,n}}\,|\,\hat{\gamma}_{k,n}\right\}$$

$$=\min\left(\frac{\mu+\eta\zeta}{(1+\lambda_k)\log_2 e},E_{\gamma_{k,n}}\{\gamma_{k,n}\,|\,\hat{\gamma}_{k,n}\}\right) \quad (2\text{-}58)$$

$$=\min\left(\frac{\mu+\eta\zeta}{(1+\lambda_k)\log_2 e},\alpha_{k,n}+\hat{\gamma}_{k,n}\right)$$

为了进一步降低计算的复杂度，我们同样使用 Gamma 分布来近似代替式（2-23）中的 NC_{x^2} 分布：

$$f(\gamma_{k,n}\,|\,\hat{\gamma}_{k,n})\approx\frac{b^a}{\Gamma(a)}\gamma_{k,n}^{a-1}\exp(-b\gamma_{k,n}) \quad (2\text{-}59)$$

其中，$a=(k_{k,n}+1)^2/(2k_{k,n}+1)$ 为 Gamma 分布的形状参数；$b=a/(\hat{\gamma}_{k,n}+\alpha_{k,n})$ 为 Gamma 分布的尺寸参数，并且有 $k_{k,n}=\hat{\gamma}_{k,n}/\alpha_{k,n}$。通过使用 Gamma 分布来代替原分布（2-23），我们可以推导出功率分配（2-58）的闭合表达式为

$$E_{\gamma_{k,n}}\left\{\frac{\gamma_{k,n}}{1+p_{k,n}\gamma_{k,n}}\,|\,\hat{\gamma}_{k,n}\right\}\approx\frac{a}{p_{k,n}}\left(\frac{b}{p_{k,n}}\right)^a e^{\frac{b}{p_{k,n}}}\Gamma\left(-a,\frac{b}{p_{k,n}}\right) \quad (2\text{-}60)$$

其中，$\Gamma(a,x)$ 表示非封闭的 Gamma 函数。将式（2-60）带入式（2-58）后，可以通过二分法得到功率分配的方案 $p_{k,n}$。

（2）子载波分配

对偶问题（2-57）可以等效为

$$\sum_{n=1}^{N}\max\sum_{k=1}^{K}\rho_{k,n}[(1+\lambda_k)R_{k,n}(p_{k,n},\hat{\gamma}_{k,n})-(\mu+\eta\zeta)p_{k,n}] \quad (2\text{-}61a)$$

$$=\sum_{n=1}^{N}\max_{k}[(1+\lambda_k)R_{k,n}(p_{k,n},\hat{\gamma}_{k,n})-(\mu+\eta\zeta)p_{k,n}] \quad (2\text{-}61b)$$

其中，式（2-61b）是根据约束条件式（2-57b）和式（2-57c）推导而来，$p_{k,n}$ 可以通过求解子问题（1）中 $\rho_{k,n}=1$ 的情况下得到，因此对于每个子载波来说，最佳的分配方式为

$$\rho_{k,n} = \begin{cases} 1 & \text{if } k = \arg \max_k \beta_{k,n} \\ 0 & \text{otherwise} \end{cases} \tag{2-62}$$

其中，$\beta_{k,n} = (1+\lambda_k)R_{k,n}(p_{k,n}, \hat{\gamma}_{k,n}) - (\mu + \eta\zeta)p_{k,n}$。如果出现多个用户的 $\beta_{k,n}$ 相等时，则选择拥有子载波数相对较少的一个用户进行服务。

通过解决以上两个子问题可以得到给定 λ 和 μ 条件下拉格朗日函数（2-57）的最大值。接下来为了得出最优功率分配下的拉格朗日乘子 $\lambda*$ 和 $\mu*$，需要求解以下对偶问题：

$$\begin{aligned} &\min\ g(\lambda, \mu) \\ &\text{s.t.}\ \lambda \geqslant 0 \\ &\quad\ \mu \geqslant 0 \end{aligned} \tag{2-63}$$

可以通过次梯度算法多次迭代求解问题（2-63）的解。迭代更新的方法为

$$\begin{aligned} \lambda_k^{l+1} &= [\lambda_k^l - s^l \Delta\lambda_k^l]^+ \\ \mu^{l+1} &= [\mu^l - s^l \Delta\mu^l]^+ \end{aligned} \tag{2-64}$$

其中，$[\cdot]^+ = \max(\cdot, 0)$；$l$ 为迭代轮次的序号；s^l 为第 l 次迭代的步长。拉格朗日乘子 λ 和 μ 的梯度分别表示为

$$\begin{aligned} \Delta\lambda_k &= \sum_{n=1}^{N} \rho_{k,n} R_{k,n}(p_{k,n}, \hat{\gamma}_{k,n}) - R_k^{\min} \\ \Delta\mu &= P_{\max} - \sum_{k=1}^{K}\sum_{n=1}^{N} \rho_{k,n} p_{k,n} \end{aligned} \tag{2-65}$$

值得注意的是，由于问题（2-55）不是一个标准的凸问题，通过对偶算法不一定能够得到问题的最优解，所有用户的最小通信速率门限约束不一定能够同时满足。当这种情况发生时，可以将对偶算法得到的子载波分配方式作为最佳的分配方案 ρ^{fix}，然后求解下面的功率分配问题进而得到最优解：

$$\begin{aligned} &\max_{\boldsymbol{P}}\ R(\boldsymbol{P}, \rho^{\text{fix}}) - \eta P(\boldsymbol{P}, \rho^{\text{fix}}) \\ &\text{s.t.}\ \sum_{n=1}^{N} \rho_{k,n}^{\text{fix}} R_{k,n}(p_{k,n}, \hat{\gamma}_{k,n}) \geqslant R_k^{\min}, \forall k \\ &\quad\ \sum_{k=1}^{K}\sum_{n=1}^{N} \rho_{k,n}^{\text{fix}} p_{k,n} \leqslant P_{\max} \\ &\quad\ p_{k,n} \geqslant 0, \forall k, n \end{aligned} \tag{2-66}$$

注意到当子载波分配矩阵 ρ 确定后，问题（2-55）就转化为一个标准的凸优化问题，可以通过对偶算法得到其最优的功率分配方案。求解系统能量效率最大化问题的全部算法描述如算法 2.4 中所示。虽然对偶算法并不能保证得到问题的最优解，但在文献 [64] 中已经证明只要子载波数目达到一定的数目，对偶算法和最优解之间的差距可以近似忽略为 0，因而可以通过该方式得到原问题的近似最优解。我们将在下一小节的仿真结果中测试所提算法的最优性能。

算法 2.4 OFDMA 系统中能量效率的资源分配算法

1: 初始化 η、迭代精度 ϵ 和最大迭代次数 $N_{\max}$；

2: **repeat**

3:　　对于给定的 η，使用对偶算法求解问题（2-55）得到 ρ^* 和 P^*

4:　　**if** 如果所有用户的通信速率约束条件（2-55b）没有全部满足 **then**

5:　　　令 ρ^* 作为固定的子载波分配方式，求解问题（2-66）得到新的功率分配因子 P^*

6:　　**end if**

7:　　**if** $R(P^*, \rho^*) - \eta P(P^*, \rho^*)| > \epsilon$ **then**

8:　　　令 $\eta = \dfrac{R(P^*, \rho^*)}{P(P^*, \rho^*)}$, **goto**(3)；

9:　　**else**

10:　　　**return** 子载波分配 ρ^* 和功率分配 P^*

11:　　**end if**

12: **until** 迭代次数达到上限 $N_{\max}$

复杂度分析：求解对偶问题（2-57）需要 $\mathcal{O}(KN)$ 次计算。我们定义 N_{IL} 和 N_{OL} 分别代表内层次梯度算法的迭代次数和外层迭代算法的迭代次数，因而我们所提出算法的整体复杂度为 $\mathcal{O}(N_{OL}N_{IL}KN)$。如果通过穷尽搜索的方式得到最佳的子载波分配方案，一共需要遍历 K^N 种可能性，总的计算复杂度为 $\mathcal{O}(N_{OL}K^N)$，是一个指数级的复杂度。而本小节所提出的算法是多项式复杂度的，更加有利于实际系统中的实现。

2.5 仿真结果与性能分析

2.5.1 部分 CSI 的数学建模

本小节首先仿真了在不同的 CSI 延迟下，采用不同预测阶数进行信道增益预测时的误差。仿真中采用的是 COST 259 典型城区的多径信道模型，每一径在时域的变化上满足 Jakes 模型，仿真参数如表 2-1 所示，其中假设 CSI 受到较高的噪声干扰，CSI 估计误差为 $\sigma_\varepsilon^2 = E[|h_{k,n}|^2] = 1$，并且假设不同用户具有相同的 CSI 延迟 $\delta_{m_k} = \delta_m$。仿真结果如图 2-4 所示，从中可以看出虽然 CSI 本身收到很大的噪声干扰（假设 $\sigma_\varepsilon^2 = 1$），预测阶数 Q 的增加，能够有效降低 CSI 预测的误差。然而当信道反馈延迟较大时，通过增大预测阶数对于 CSI 误差的改善效果也会越来越小。当 CSI 延迟 $\delta_m = 15$ 时，在信道预测阶数 $Q = 15$ 时 CSI 的误差是 $Q = 5$ 时的 75%。与此同时，增加信道预测的阶数会导致计算复杂度的大幅上升，因此在实际应用过程中需要在 CSI 预测误差和预测阶数之间寻求性能的平衡。

表 2-1　部分 CSI 数学建模的仿真参数

参　　数	数　　值	参　　数	数　　值
信道增益 $E[|h_{k,n}|^2]$	1	信道估计误差 σ_ε^2	1
载波频率 f_0/GHz	2.6	系统宽带 $N\Delta f$/MHz	1.44
移动速率 $v_k/$ (km/h)	120	子载波个数 N	32
用户数目 K	8		

接下来比较通过率失真理论达到最小失真度的编码方式与文献 [65] 中提到的随机向量量化（Random Vector Quantization，RVQ）的扩展方案的性能。在 RVQ 方案中，每个用户 k 都维持一个包含有 2^{C_k} 个相互独立选择量化向量的码本 $C_k = \{W_{k,1}, \cdots, W_{k,2^{C_k}}\}$，其中 $W_{K,1} \sim \mathcal{CN}(\mathbf{0}_N, I_N)$。每个用户选择和自己信道状态信息向量最接近的一个量化向量进行 CSI 的量化，即 $I_k = \arg \min_i \sum_n |H_{k,n} - W_{k,i,n}|^2$，其中 $W_{k,i,n}$ 是 $W_{K,i}$ 的第 n 个元素。基站根据解码得到的信道量化向量进行子载波和功率的分配。假设系统中存在 $K = 6$ 个用户和

$N = 8$ 个子载波，仿真结果如图 2-5 所示。仿真结果表明当反馈信道的容量 $C_k = 0$ 时，RVQ 方法的量化误差为 $\sum_n E[|H_{k,n} - W_{k,i,n}|^2] = \sum_n E[|H_{k,n}|^2] + E[|W_{k,1,n}|^2] = 2N$。随着反馈信道容量 C_k 的增加，RVQ 方法的性能也在逐渐逼近率失真理论所能达到的下界，这说明我们所给出的通过率失真理论所推导出的量化方式能够以最少的信息比特数对 CSI 进行量化反馈。

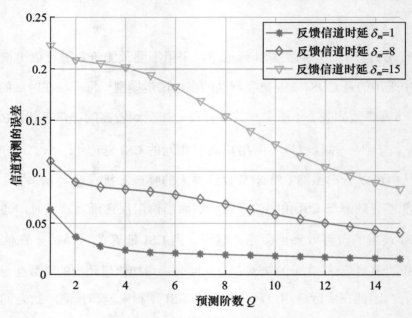

图 2-4　信道预测的误差

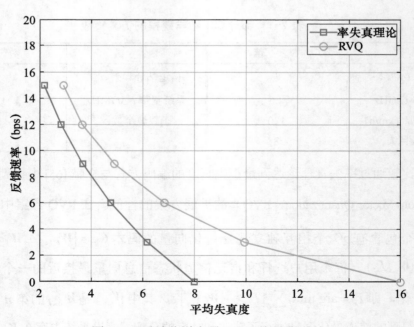

图 2-5　反馈信道容量 VS 平均量化误差

图 2-6 中比较了在用户数 $K = 8$，子载波数 $N = 32$ 的条件下，系统在不同子载波间隔下 CSI 反馈的失真度。正如第 2.2.3 小节讨论的结果，当失真 $D > D_{\max} = \mathrm{Tr}(\Sigma_{H_K}) = \sum_{n=1}^{N} E[|H_{k,n}|^2] = 32$ 时，可以认为基站没有获得任何的 CSI 信息，对应的反馈速率 $R(D) = 0$；而失真 $D = 0$ 时，则基站具有完全的 CSI，但此时需要反馈信道容量趋近于无穷 $R(D) \to \infty$。与此同时，当子载波间隔 Δf 较小时，不同子载波间的信道信息相关度会变大，用户可以利用此相关性通过较少比特来描述多个子载波上的信道增益，因此在给定 CSI 失真度的条件下，所需要反馈的信息比特数随着子载波间隔的减少而减少。尽管基站需要无限大的反馈信道容量 $R(D) = +\infty$ 来获得完美 CSI，但当子载波间隔 Δf 较小时，基站仅需要有限的比特数就能得到近似完美 CSI 的性能。

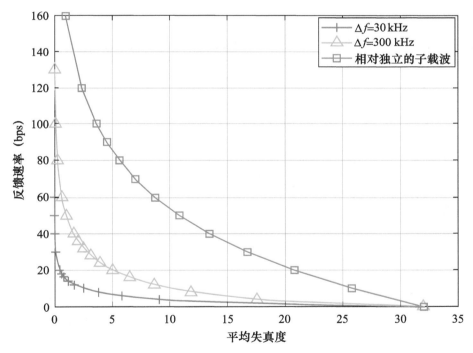

图 2-6　不同频谱选择信道条件下反馈信道容量 VS 平均量化误差

2.5.2　部分 CSI 下 OFDMA 系统中的物理层安全问题

本小节将给出不同部分 CSI 条件下，在 OFDMA 系统中使用本书所提算法进行物理层安全优化问题的性能表现。假设基站的总发射功率约束 $P_T = 20\,\mathrm{W}$，信道建模为具有频率选择性的瑞利多径衰落信道，信道平均增益 $E[|h_{n,k}|^2] = E[|h_{n,\mathrm{e}}|^2] = 1$。同时仿真

中假设子载波之间相互独立且同分布（independent and identical distribution，i.i.d），即 $\Sigma_{H_k} = I_N$。图 2-7 中比较了本书所提出的次优算法与最优解的所能达到的用户安全通信速率差距。仿真条件为子载波数取 $N = 8, 10$，用户数取 $K = 2$，反馈信道的延迟为 $\delta_{m_k} = 1$，其他基本的仿真参数如表 2-2 所示。如图 2-7 所示，本书提出的次优算法所能达到的合法用户的安全通信速率可以逼近最优解的结果，同时次优解和最优解之间的性能差距不会随着子载数目的增加而变大。

表 2-2　OFDMA 系统中物理层安全优化问题的仿真参数

参　数	数　值	参　数	数　值
信道增益 $E[\|h_{k_n}\|^2]$	1	信道模型	i.i.d
载波频率 f_0/GHz	2.6	子载波间隔 Δf/kHz	45
移动速率 $v_k/$（km/h）	50	信道估计误差的方差 σ_ε^2	1
信道估计的阶数 Q	5		

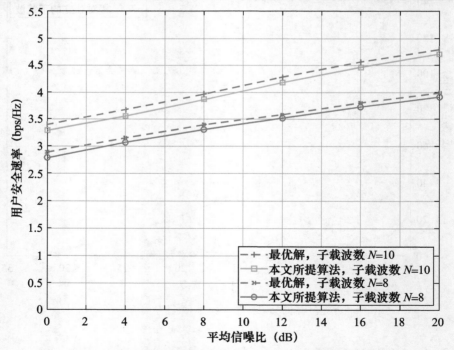

图 2-7　物理层安全问题：次优算法与最优算法的比较

接下来将给出不同信道传输时延条件下，本书所提算法能达到的最差用户的安全通信速率的性能比较，即 $\delta_{m_k} = \delta_{m_e} = 1, 5, 8$。在仿真中假设系统中的子载波数目为 $N = 32$，用户数目为 $K = 4$，使用的非完美 CSI 条件是根据 2.2.2 小节中讨论的结果，基本仿真参数如表 2-2 所示，同时在仿真中还与完美 CSI 情况下所能达到的用户安全通信速率性能进行了比较。图 2-8 中展现了不同 CNR 下本书所提算法能达到的最差用户的安全通信速率。仿真结果显示系统中最差用户的安全通信速率随着反馈不信道时延 δ_{m_k} 的增加而降低，并且非完美 CSI 情况下和完美 CSI 条件下的差距会随着 CNR 的增加而增大。

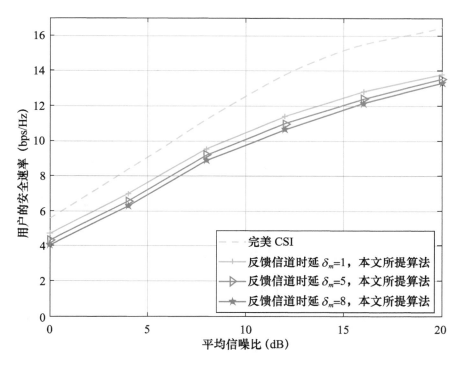

图 2-8　在不同反馈信道延迟下最差用户的安全通信速率（预测阶数 $Q=5$）

图 2-9 中比较了不同算法所能达到的最小安全速率随着反馈信道容量的变化情况，其中用到的非完美 CSI 模型是在 2.2.3 小节中讨论的，同时还与完美 CSI 情况下的性能进行了比较。假设系统中存在 $N=16$ 的子载波和 $K=4$ 个用户。仿真结果表明非完美 CSI 情况下的用户安全速率随着反馈信道容量的增加而逐渐增加；本书提出的次优算法的性能明显要优于功率在选定的子载波上平均分配算法的结果。仿真结果显示当反馈信道容量较大时，非完美 CSI 条件下用户的安全通信速率可以逼近完美 CSI 的性能。

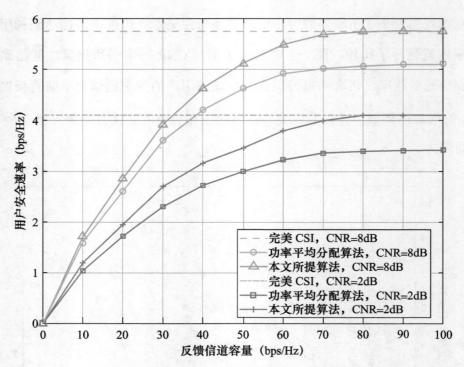

图 2-9 反馈信道速率 VS 最差用户的安全通信速率

2.5.3 部分 CSI 下 OFDMA 系统中的能量效率问题

本小节通过一些仿真结果评估下本书所提算法在基于率失真理论的条件下 OFDM 系统中能量效率优化问题的表现。信道建模为平均信道增益 $E[|h_{k,n}|^2]=1$ 的频率选择性瑞利信道。为了仿真中得到非完美的 CSI，我们分别独立生成了信道状态信息的估计值 $\hat{H}_k$ 和信道误差 e_k，然后根据率失真理论中的测试信道式（2-14）得到真实的信道信息 H_k，系统仿真参数如表 2-3 所示。

表 2-3　OFDMA 系统中能量效率优化问题的仿真参数

变　量　名	仿真 1	仿真 2
子载波数 N	8	32
用户数 K	2	8
子载波间隔 Δf/kHz	15	15
最大传输功率 P_{max}/W	10	20
电路功率 P_0/W	5	10
功放漏极效率的倒数 ζ	0.38	0.38
信道模型	i.i.d.	COST259

图 2-10 比较了本书所提出算法与最优解之间的差距进而测试算法的性能。仿真中比较了本书所提算法与最优解上界在不同的最小速率门限下的性能。为了得到最优解上界，需要通过穷尽搜索的方式遍历所有子载波分配的可能性，然后针对每一个确定的子载波分配方案，使用对偶的方法求解问题（2-66）进而得到每个子载波上功率分配的值。仿真中假设系统中包括 $K=2$ 个用户，$N=8$ 个子载波且各个子信道之间彼此相互独立，即 $\sum_{H_k}=I_N$，同时假设每个用户的信道反馈容量均为 20 kbps。通过仿真结果发现本书所提算法的性能可以十分逼近最优解的上界。仿真结果同时表明当平均 CNR 很低时，更高的速率门限需求会导致能量效率的降低；然而当平均 CNR 较高时，由于为了满足最低速率门限的能量消耗占比降低，最小速率门限不再是限制系统整体能量效率的核心因素。

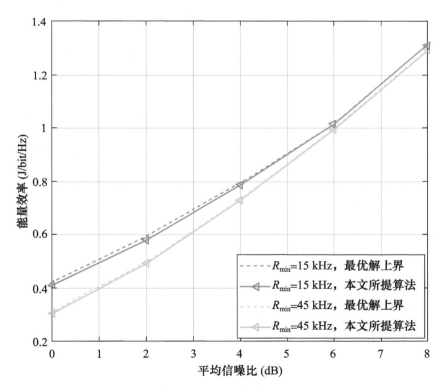

图 2-10　不同算法下的能量效率 VS 信道增益噪声比

图 2-11 中测试了不同算法中能量效率和反馈信道容量的关系，同时还在仿真中与完美信道状态信息情况下的能量效率进行了比较。仿真中假设信道模型为 COST259 信

道模型，同时设定系统中包含 $N = 32$ 个子载波和 $K = 8$ 的用户，用户的最小速率门限为 30 kbps。通过仿真结果发现非完美 CSI 情况下的能量效率随着反馈信道容量的增加而逐渐增加，同时本书针对能量效率问题所提出算法的性能要远好于那些单纯以频谱效率为优化目标 [7] 的表现。值得注意的是，仿真结果表明当信道的反馈容量很高时，通过本节所提出算法计算出的能量效率可以逼近完美 CSI 的场景。

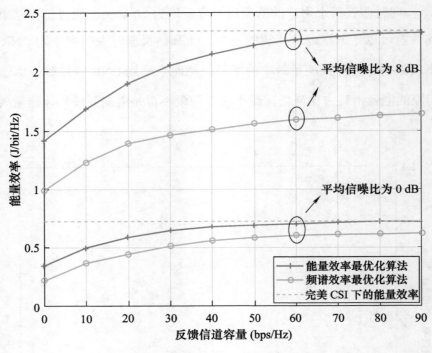

图 2-11　能量效率 VS 反馈信道容量

2.6　结　　论

本章首先提出了三种典型的部分信道状态信息情况下真实 CSI 相对于基站所获的部分 CSI 的条件概率分布表达式，为本章所研究的 OFDMA 系统和下一章中 NOMA 系统在部分 CSI 条件下的资源分配问题打下基础。接下来本章重点讨论了部分 CSI 条件下，下行 OFDMA 系统中物理层安全和能量效率问题的资源分配算法。

OFDMA 系统中的物理层安全问题：作者提出将优化的目标设定为基于公平性考虑的最大化系统中最差用户的安全通信容量，分别给出了问题的最优解和次优解。其中，求解最优解算法时采用的是穷尽搜索的方式，计算复杂度非常高；而次优分配方案是将这样一个组合优化问题拆分成子载波分配和功率分配两个子问题。作者提出了一种基于贪婪算法思想的子载波分配方案，能够一定程度上降低子载波分配的计算复杂度。而对于给定子载波分配方案下的功率分配问题，作者证明了该问题是一个凸优化问题，通过对偶算法和 KKT 条件可以求得其最优解。仿真结果表明，作者所提出的算法在性能上能够逼近问题的最优解。与此同时发现当反馈信道容量较高时，非完美 CSI 情况下的安全保密容量能够和完美 CSI 的性能近似相等。

关于 OFDMA 系统中的能量效率问题：作者主要考虑了由于反馈信道容量受限导致基站获取用户 CSI 存在失真的情况，在考虑了总功率约束和最低通信速率门限这两个边界条件基础上以 FDD-OFDMA 系统下行链路整体能量效率最大化作为问题的优化目标。由于求得问题最优解的算法复杂度是指数级的，因而作者提出了一种具有较低计算复杂度而又不损失性能的次优算法。本算法首先通过分式优化理论寻找到原始问题的等效问题，然后通过对偶算法得到其最优解。仿真结果表明，作者所提出算法性能有优势，同时随着反馈信道容量的增加，有限反馈情况下的能量效率可以逐渐逼近完美 CSI 的能量效率表现。

3.1　引言

正如本书在第一章绪论部分提到的，根据资源分配问题的不同会有不同的 NOMA 系统的性能评估指标。根据用户信道状态信息的假设条件，可以将资源分配问题研究分为完美 CSI 条件下最大化系统容量和非完美 CSI 条件下最小化最大的用户中断概率两类问题。在实际的通信系统中，由于信道噪声与信道预估计误差、信道传输时延、CSI 反馈信道容量等因素的存在，导致基站端无法准确获知用户的信道状态信息，研究部分 CSI 对于 NOMA 系统性能的影响将更加具备实践意义。本书已经在 2.2 小节中对相关部分 CSI 场景的数学建模问题做了详细的分析，得出了真实 CSI 相对于部分 CSI 的条件概率分布表达式。因此，本章将主要围绕部分 CSI 条件下，重点讨论单天线系统中，单一子载波上 NOMA 系统的资源分配问题，优化的目标是最小化 NOMA 系统中用户最大的中断概率，即 MMOP 问题。

在大多数已有研究工作中，通常使用中断概率来分析非完美 CSI 条件下 NOMA 系统资源分配问题的性能。在文献 [31] 中，作者假设基站仅仅已知用户在小区内是均匀分布的，且所有用户的信道均为瑞利衰落信道。由于基站端对于用户 CSI 的了解太少，无法确定用户端 SIC 解码器对于各用户信号的解码顺序，从而导致用户中断概率的表达式十分复杂。文中只给出了在极端信噪比条件下中断概率的变化趋势，并不能基于此来设计资源分配方案。在此基础上，文献 [32] 中假设基站可以获得每个用户的平均信道增益，即 σ_g^2 已知，并假设各用户的平均信道增益完全相同。相对于前者可以在一定程度上简化 CSI 的概率密度函数（Probability Density Function，PDF）和累积概率分布函数（Cumulative Density Function，CDF）以及中断概率的表达式。但该假设并不能满足 NOMA 系统的实际情况。首先，假设所有用户的平均信道增益相等不符合实际情况，小区中心用户和小区边缘用户的信道增益存在着明显的差距，

NOMA 技术正是利用不同用户信道增益的差距来获得用户的分集增益。与此同时，基于每一个用户的平均信道增益完全相等的基本假设，基站依旧没有办法获得各用户终端 SIC 解码器的解码顺序，导致中断概率的表达式仍然很复杂，因而文献 [32] 中讨论的结果在实际系统中实用性不大。

综上所述，基于现有研究中存在的短板，在本章中做出如下假设：1）用户在小区内均匀分布，根据用户平均信道增益的水平将所有用户分成 G 组，每一组内用户的平均信道增益是相同的，而相邻两组之间用户的平均信道增益差为 Δ；2）基站已知每组用户的平均信道增益，在每个时隙内从各组中分别选择一个用户，再按 NOMA 的策略进行通信；3）每个用户终端的串行干扰消除解码器按照信道增益依次增大的顺序解码各用户的信号，基站端可以获知该解码的顺序。在做出以上基本假设后，本章进一步讨论了两种不同的 CSI 条件下：1）基站仅仅已知每组用户的平均信道增益；2）考虑到在实际系统中往往存在反馈信道或者反馈时隙专门用于估计信道，结合 2.2 小节的结论，假设基站可以了解到每个用户的信道状态信息的估计值。针对以上两种部分 CSI 条件，本章给出了各自中断概率的闭合表达式，并在此基础上分析了最小化最大用户中断概率的优化问题，通过将 MMOP 问题分解成用户选择和功率分配两个子问题，大大简化了求解问题的难度。除此之外，本章还给出了一些仿真参数对于 NOMA 系统中断概率性能的影响，例如相邻组间的平均信道增益差 Δ 和用户组数 G 等。仿真结果说明，G 和 Δ 的取值与系统的解码复杂度和延时、抗干扰能力、系统的中断概率等需求都有着紧密的联系，需要根据实际系统的需要来确定 G 和 Δ 的取值。

3.2　系统模型

如图 3-1 所示为单天线下行 NOMA 系统的系统框图。一个通信小区的半径一般为几十米到几百米，从而导致小区中心用户和小区边缘用户的路径损耗差距非常大。比

如对于一个覆盖半径为 500m 的小区，COST231 衰落模型下，小区边缘用户和小区中心用户的路径损耗差距在 50 dB 以上（工作在 L 波段，工作频率为 1 900 MHz）。鉴于小区中心用户和小区边缘用户的路径损耗的巨大差异，我们将小区内用户根据他们的平均信道增益分成了 G 组[30,66]，并假设小区内用户集合为 $\mathcal{K}$，用户数为 $|\mathcal{K}|$（也假设为 $\mathcal{K}$），第 g 组用户集合为 $\mathcal{K}^g$，用户数为 $|\mathcal{K}^g|$。各组内的用户具有大致相当的平均信道增益，为简便，本章中假设同一组内的用户具有相同的平均信道增益。假设相邻两组用户的平均信道增益之比为 Δ，且 $\Delta>1$。第 g 组用户的平均信道增益为 σ_g^2，且

$$\frac{\sigma_g^2}{\sigma_{g-1}^2}=\Delta, g=G, G-1, \ldots, 2 \ .$$

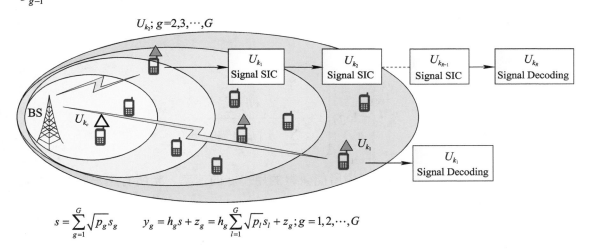

$$s=\sum_{g=1}^{G}\sqrt{p_g}s_g \qquad y_g=h_g s+z_g=h_g\sum_{l=1}^{G}\sqrt{p_l}s_l+z_g; g=1,2,\cdots,G$$

图 3-1　单天线条件下下行 NOMA 系统框图

NOMA 系统在同一时隙内可以服务 G 个用户，但多数情况下一个小区内的用户数要远远多于 G 个。因此，每个时隙，基站将从 G 组用户中各选一个用户进行服务。从基站发送的信号可以表示为

$$s=\sum_{g=1}^{G}\sqrt{p_g}s_g \tag{3-1}$$

其中，s 是基站发送的和信号；s_g 是用户 g 的有用信息，且 $E\{|s_g|^2\}=1$；p_g 是用户 g 所分得的发射功率。本书中，下标 g 代表该用户来自第 g 组。在用户接收终端，用户 g 接收到的信号可以表示为

$$y_g = h_g s + z_g$$
$$= h_g \sum_{l=1}^{G} \sqrt{p_l} s_l + z_g \tag{3-2}$$

其中，y_g 是接收到的信号；h_g 是用户 g 所经历的信道衰落；z_g 是信道白噪声。我们假设各用户经历的信道是慢衰落信道，即在每个时隙内 h_g 是保持静态不变的，但各个时隙之间，用户 g 所经历的信道衰落是相互独立的。假设用户在每一个时隙的信道衰落均服从同一复高斯分布，即 $h_g \sim \mathcal{CN}(0, \sigma_g^2)$，同时假设小区内的所有用户具有相同的信道噪声功率，即 $z_g \sim \mathcal{CN}(0, N_0)$，$g = 1, 2, \cdots, G$，$N_0$ 为白噪声功率。

根据 NOMA 的原理，假设用户 g 可以完美消除所有比用户 g 的信道增益低的用户的干扰。当假设 $|h_1|^2 < |h_2|^2 < \cdots < |h_G|^2$ 时，在用户 g_1 的接收终端所能获得的用户 g 的速率为[31]

$$R_{g_1, g} = \log_2 \left(1 + \frac{p_g |h_{g_1}|^2}{\sum_{l=g+1}^{G} p_l |h_{g_1}|^2 + N_0} \right) \tag{3-3}$$

其中，$R_{g_1, g}$ 为在用户 g_1 的接收终端所能获得的用户 g 的速率。当所有用户的 SIC 接收机都工作时，用户 g 的通信速率应为

$$R_g = \min\{R_{g_1, g}; g_1 = g, g+1, \cdots, G\} \tag{3-4}$$

显然，直接从式（3-4）很难获得比较简便的功率分配算法。对于单天线 NOMA 系统，考察

$$\frac{\partial R_{g_1, g}}{\partial |h_{g_1}|^2} = \frac{1}{\ln 2} \frac{p_g N_0}{\left(\sum_{l=g}^{G} p_l |h_{g_1}|^2 + N_0 \right) \left(\sum_{l=g+1}^{G} p_l |h_{g_1}|^2 + N_0 \right)} > 0 \tag{3-5}$$

从式（3-5）可以看出，$R_{g_1, g}$ 是 $|h_{g_1}|^2$ 的增函数，因此可得

$$R_g = \log_2 \left(1 + \frac{p_g |h_g|^2}{\sum_{l=g+1}^{G} p_l |h_g|^2 + N_0} \right), g = 1, 2, \cdots, G \tag{3-6}$$

特别的，当 $g = G$ 时，将不再受到其他用户的干扰，式（3-6）可被改写为

$$R_G = \log_2 \left(1 + \frac{p_G |h_G|^2}{N_0} \right) \tag{3-7}$$

为了满足式（3-6）所示的用户速率，同时也为了保证 SIC 接收机可以正常进行解码，需要通过用户选择来确保 $\frac{|h_g|^2}{|h_{g-1}|^2} \geqslant \Delta$。因而，本书通过借鉴文献 [67] 的核心想法，提出基于用户分组的贪婪用户选择算法。首先，基站从第 G 组中选择第一个用户，随后其他用户则按照各用户组平均信道增益递减的顺序逐个选择。假设在用户选择之前，来自第 g 组的用户　的信道增益为 $|h_{k_g}|^2$，当用户选择完成后，下标 k_g 将被 g 代替。选自第 G 组的用户为

$$k_G = \arg \max_{k \in \mathcal{K}^G} |h_k|^2 \tag{3-8}$$

对于选自第 g 组的用户，需要首先确定满足 $\frac{|h_g|^2}{|h_{g-1}|^2} \geqslant \Delta$ 的用户集合，即定义 $\mathcal{K}^{g,C}$ 为

$$\mathcal{K}^{g,C} = \left\{ k \Big| |h_k|^2 \leqslant \frac{\left|h_{k_{g+1}}\right|^2}{\Delta}, k \in \mathcal{K}^g \right\} \tag{3-9}$$

则选自第 g 组的用户为

$$k_g = \arg \max_{k \in \mathcal{K}^{g,C}} |h_k|^2 \tag{3-10}$$

3.3　问题描述

在 NOMA 系统中，用户 g 终端的串行干扰消除解码器可以正常工作的前提是必须要满足 [31]：

$$R_{g,j} \geqslant R_{j,\min}, j = 1, 2, \cdots, g \tag{3-11}$$

其中，$R_{j,\min}$ 是用户 j 的最小通信速率门限，由用户 j 的 QoS 需求决定 [31]。如果不能满足式（3-11）中的要求，用户 g 的解码过程将被中断。因此，用户 g 服务发

生中断的概率定义为式（3-11）中的条件不能被同时满足的事件发生的概率。设 $E_{g,j} \triangleq \{R_{g,j} > R_{j,\min}\}$ 代表用户 g SIC 解码器能顺利解码用户 j 发出的信号的事件，其具体表达式为

$$
\begin{aligned}
E_{g,j} &= \{R_{g,j} > R_{j,\min}\} \\
&= \left\{ \log_2 \left(1 + \frac{p_j \mid h_g \mid^2}{\sum_{l=j+1}^{G} p_l \mid h_g \mid^2 + N_0} \right) > R_{j,\min} \right\} \\
&= \{\mid h_g \mid^2 > \xi_{j,g}\}, j = 1,2,\cdots,g
\end{aligned}
\tag{3-12}
$$

其中，$\xi_{j,g} = \dfrac{r_{j,\min} N_0}{p_j - r_{j,\min} \sum_{l=j+1}^{G} p_l}$，$r_{j,\min} = 2^{R_{j,\min}} - 1$。这样，用户 g 的解码器发生中断的概率表示为

$$
\Pr_g^o = 1 - \Pr(E_{g,1} \bigcap E_{g,2} \bigcap \cdots \bigcap E_{g,g}) = 1 - \Pr(\mid h_g \mid^2 > \xi_g)
\tag{3-13}
$$

其中，定义 $\xi_g = \max\{\xi_{1,g}, \xi_{2,g}, \cdots, \xi_{g,g}\}$。

虽然已经得到了用户 gSIC 解码器的中断概率表达式（3-13），但仍然需要知道用户 CSI 的 PDF 或 CDF 表达式才能进一步计算用户的中断概率。在本书中，将小区内的用户分成 G 组，假设各相邻组间的平均信道增益之间存在 Δ 差距，基站已知每个用户的平均信道增益。更进一步，为了简化问题的求解过程，假设每个用户的 SIC 解码器根据平均信道增益依次增大的顺序对各用户信号进行解码，并且假设基站了解该解码顺序。另外，在实际系统中，基站可以通过用户的反馈或是自己进行信道估计获知每个用户信道状态的一个估计值。因此,本节将分两种部分 CSI 的条件考虑用户的中断概率:1）基站仅仅已知每一个用户的平均信道增益；2）基站已知用户平均信道增益的同时，还通过反馈或信道估计获知用户 CSI 的一个估计值。

3.3.1　基于平均信道增益 σ_g^2 的中断概率

本节中假设每组用户的平均信道增益并不相等，相邻两组之间的平均信道增益之间的比值为 Δ，用户侧按照平均信道增益递增的顺序进行信号的解码，且假设发端已知该

解码顺序。因此，用户 g SIC 解码器的中断概率的表达式为

$$\begin{aligned}
\mathrm{Pr}_g^o(\xi_g) &= 1 - \mathrm{Pr}\left(\mid h_g\mid^2 > \xi_g\right) = \mathrm{Pr}\left(\mid h_g\mid^2 < \xi_g\right) \\
&= \int_0^{\sqrt{\xi_g}} f_{\mid h_g\mid}(y)\,\mathrm{d}y \\
&= F_{\mid h_g\mid}\left(\sqrt{\xi_g}\right)
\end{aligned} \tag{3-14}$$

其中，$f_{\mid h_g\mid}(y)$ 是 $\mid h_g\mid$ 的 PDF 函数。对于复高斯信道，$\mid h_g\mid$ 服从瑞利分布，即 $f_{\mid h_g\mid}(y) = \dfrac{y}{\sigma_g^2}\exp\left(-\dfrac{y^2}{2\sigma_g^2}\right), y \geqslant 0, g = 1,2,\cdots,G$。$F_{\mid h_g\mid}(y)$ 是 $\mid h_g\mid$ 的 CDF 函数，$F_{\mid h_g\mid}(y) = \int_0^y f_{\mid h_g\mid}(z)\,\mathrm{d}z = 1 - \exp\left(-\dfrac{y^2}{2\sigma_g^2}\right)$。因此，式（3-14）的中断概率可以被改写为

$$\mathrm{Pr}_g^o(\xi_g) = 1 - \exp\left(-\frac{\xi_g}{2\sigma_g^2}\right) \tag{3-15}$$

其中，ξ_g 代表了其他用户对于用户 g 的中断概率的影响。

3.3.2 基于平均信道增益 σ_g^2 和信道估计信息 $\hat{h}_g$ 的中断概率

假设基站除了已知每名用户的平均信道增益 σ_g^2 外，还能够获知用户 g 的 CSI（h_g）的估计值 $\hat{h}_g$。正如在 2.2 小节中讨论过得出的结果，h_g 的误差主要来源于信道估计噪声与估计误差、信道传输时延、CSI 量化误差等，真实 CSI 与部分 CSI 的关系为

$$h_g = \hat{h}_g + \varepsilon_{h_g} \tag{3-16}$$

其中，误差满足 $\varepsilon_{hg} \sim \mathcal{CN}(0,\sigma_{\varepsilon,g}^2)$，$\sigma_{\varepsilon,g}^2$ 是信道误差的平均功率。当我们获得 $\hat{h}_g$ 后，可以获知 h_g 的条件概率分布，即 $h_g\mid\hat{h}_g \sim \mathcal{CN}(\hat{h}_g,\sigma_{\varepsilon,g}^2)$。假设 $a_g = \mid h_g\mid^2$，$\hat{a}_g = \mid\hat{h}_g\mid^2$，则 a_g 的条件概率密度函数表达式为

$$f_{\mid h_g\mid^2}(a_g\mid\hat{a}_g) = \frac{1}{\sigma_{\varepsilon,g}^2}\mathrm{e}^{-\frac{a_g+\hat{a}_g}{\sigma_{\varepsilon,g}^2}}I_0\left(\frac{2}{\sigma_{\varepsilon,g}^2}\sqrt{a_g\hat{a}_g}\right), a_g > 0 \tag{3-17}$$

其中，$I_0(x)$ 是零阶修正贝塞尔函数。此时，a_g 的 CDF 可以表示为 $F_{\mid h_g\mid^2}(\xi_g\mid\hat{a}_g) = \int_0^{\xi_g} f_{\mid h_g\mid^2}(a_g\mid\hat{a}_g)\,\mathrm{d}a_g = Q\left(\sqrt{\dfrac{2\hat{a}_g}{\sigma_{\varepsilon,g}^2}},\sqrt{\dfrac{2\xi_g}{\sigma_{\varepsilon,g}^2}}\right)$，其中，$Q(a,b)$ 定义为

$Q(a,b) = \int_0^b x \mathrm{e}^{-(x^2+a^2)/2} I_0(ax) \mathrm{d}x$。此时，式（3-14）中的中断概率可以表示为

$$\mathrm{Pr}_g^o(\hat{a}_g, \xi_g) = F_{|h_g|^2}(\xi_g \mid \hat{a}_g) = Q\left(\sqrt{\frac{2\hat{a}_g}{\sigma_{\varepsilon,g}^2}}, \sqrt{\frac{2\xi_g}{\sigma_{\varepsilon,g}^2}}\right) \tag{3-18}$$

在下一节中，我们将分别基于式（3-15）和式（3-18）两种 CSI 条件下得到的中断概率表达式来进行用户选择和功率分配方案的讨论。

3.4　解决方案：用户选择和功率分配

本节将在上一节推导得出的中断概率表达式的基础上，对用户进行无线资源分配。主要考虑的目标是在保证各组用户最小通信速率门限的前提下，最小化每组用户中最大的中断概率的优化问题，其数学建模为

$$\min_{\boldsymbol{p}} \max_g \min_{x_{k_g,g}} \sum_{k_g \in \hat{\mathcal{K}}^g} x_{k_g,g} \mathrm{Pr}_{k_g,g}^o(\boldsymbol{p})$$

$$\boldsymbol{P} = [p_1, p_2, \cdots, p_G]^T$$

subject to :

$$\sum_{g=1}^G p_g \leqslant P$$

$$p_g \geqslant 0, g = 1, 2, \cdots, G \tag{3-19}$$

$$R_g \geqslant R_{g,\min}, g = 1, 2, \cdots, G$$

$$\sum_{k_g \in \hat{\mathcal{K}}^g} x_{k_g,g} \leqslant 1$$

$$\frac{\hat{h}_{g+1}}{\hat{h}_g} \geqslant \Delta$$

其中，P 表示基站发射总功率的约束条件，$\boldsymbol{P}$ 为各组用户分配的功率值；$R_{g,\min}$ 代表第 g 组用户的最小通信速率门限；$\hat{\mathcal{K}}^g$ 为 g 组用户 CSI 估计值的集合；下标 k_g 表示是来自第 g 组的用户，在完成用户选择之后，下标 k_g 变为 g；约束条件 $\sum_{k_g \in \hat{\mathcal{K}}^g} x_{k_g,g} \leqslant 1$ 代表每个

时隙每一组中最多选择一个用户；$x_{k_g,g}$ 定义为一个二值函数，即

$$x_{k_g,g} = \begin{cases} 1,\text{第}g\text{组中的用户}k_g\text{被选中} \\ 0,\text{其他} \end{cases} \qquad (3\text{-}20)$$

由于 $\mathrm{Pr}^o_{k_g,g}(\boldsymbol{P})$ 对 $\boldsymbol{P}$ 的表达式非常复杂，使得求得问题（3-19）的最优解变得十分复杂。因此，在本节中将问题（3-19）分解为用户选择和功率分配两个子问题。当进行用户选择时，假设功率在各组用户间平均分配，而功率分配算法是在用户选择方案完成后进行的。

3.4.1 用户选择

本章所研究问题的优化目标是根据已知的 CSI 条件最小化各组用户中最大的中断概率，因而本节将根据前面提到的两种部分信道状态信息条件来分别讨论用户选择的方案。

（1）基于 σ_g^2 的 US 方案。此时，各组用户的中断概率如式（3-15）所示，从中可以看出，每组用户的中断概率只与该组用户的平均信道增益 σ_g^2 有关，而与 $\hat{\mathcal{K}}^g$ 中单个用户的 CSI 无关。即在此条件下，可以任意从第 g 组中选出一个用户，所能达到的中断概率性能是一样的。

（2）基于 σ_g^2 和 $\hat{h}_g$ 的 US 方案。此时，各组用户的中断概率如式（3-18），从中可以看出，此时的中断概率不仅和各组用户的平均信道增益 σ_g^2 有关，还与 $\hat{\mathcal{K}}^g$ 中特定用户的 CSI $\hat{h}_g$ 有关。这样首先考虑求偏导数 $\dfrac{\partial Q(\sqrt{2a},\sqrt{2b})}{\partial a}$，即

$$\frac{\partial Q(\sqrt{2a},\sqrt{2b})}{\partial a} = -\exp^{-(a+b)}\sum_{m=0}^{\infty}\frac{a^m b^{m+1}}{m!(m+1)!} < 0 \qquad (3\text{-}21)$$

因此有

$$\frac{\partial \mathrm{Pr}^o_g(\hat{\alpha}_g,\xi_g)}{\partial \hat{\alpha}_g} < 0 \qquad (3\text{-}22)$$

这样，从第 g 组中选择信道增益估计值最大的用户可以使该组的中断概率达到最小值。考虑到问题中 $\dfrac{\hat{h}_g+1}{\hat{h}_g} \geqslant \Delta$ 的限制，可以获得如下用户选择方案。首先从第 G 组用户中，

选择信道增益估计值最大的用户，即

$$k_G = \arg \max_{k \in \hat{\mathcal{K}}^G} |\hat{h}_{k,G}|^2 \tag{3-23}$$

对于第 g 组用户，首先要确定满足 $\dfrac{\hat{h}_g + 1}{\hat{h}_g} \geqslant \Delta$ 限制条件的用户集合。为此，定 $\hat{\mathcal{K}}^{g,C}$

为第 g 组中，满足 $\dfrac{\hat{h}_g + 1}{\hat{h}_g} \geqslant \Delta$ 限制的用户集合，即

$$\hat{\mathcal{K}}^{g,C} = \left\{ k \,\middle|\, \left|\hat{h}_{k,g}\right|^2 \leqslant \frac{|\hat{h}_{g+1}|^2}{\Delta}, k \in \hat{\mathcal{K}}^g \right\} \tag{3-24}$$

其中，$|\hat{h}_{g+1}|^2$ 为第 $g+1$ 组中被选出的用户的信道增益。此时，第 g 组用户可以被确定为

$$k_g = \arg \max_{k \in \hat{\mathcal{K}}^{g,C}} \left|\hat{h}_{k,g}\right|^2 \tag{3-25}$$

3.4.2 功率分配

在用户选择完成后，问题（3-19）退化成如下问题：

$$
\begin{aligned}
&\min_{\boldsymbol{P}} \max_{g} \mathrm{Pr}_g^o(\xi_g) \\
&\boldsymbol{P} = [p_1, p_2, \cdots, p_G]^{\mathrm{T}} \\
&\text{subject to :} \\
&\sum_{g=1}^{G} p_g \leqslant P \\
&p_g \geqslant 0, g = 1, 2, \cdots, G \\
&R_g \geqslant R_{g,\min}, g = 1, 2, \cdots, G
\end{aligned}
\tag{3-26}
$$

其中，$\mathrm{Pr}_g^o(\xi_g)$ 是式（3-15）或式（3-18）中所定义的表达式。求解问题（3-26）的最优解仍然具备很高的复杂度，可以通过内点法[32,56]获得逼近其最优解的次优算法。该算法是通过不断迭代来求解该问题，由于 $0 \leqslant \mathrm{Pr}_g^o \leqslant 1$，因此只需通过二分法就能无限逼近 $\mathrm{Pr}_g^o(\xi_g)$ 的最优解。每一次迭代过程中，在给定中断概率上限 γ 的条件下求解下面这个子问题：

$$\min_{\boldsymbol{p}} \sum_{g=1}^{G} p_g$$

$$\boldsymbol{p} = [p_1, p_2, \cdots, p_G]^{\mathrm{T}}$$

subject to :

$$\mathrm{Pr}_g^o(\xi_g) \leqslant \gamma, \ g = 1, 2, \cdots, G \qquad (3\text{-}27)$$

$$\sum_{g=1}^{G} p_g \leqslant P$$

$$p_g \geqslant 0, \ g = 1, 2, \cdots, G$$

$$R_g \geqslant R_{g,\min}, \ g = 1, 2, \cdots, G$$

根据文献 [32] 中的分析，当 $\mathrm{Pr}_g^o(\xi_g) = \gamma, g = 1, 2, \cdots, G$ 和 $R_g = R_{g,\min}, g = 1, 2, \cdots, G$ 时，问题（3-27）获得其最优解。在此条件下，各用户分配的功率为

$$p_g = \left(2^{R_{g,\min}} - 1\right)\left(\frac{N_0}{\xi_g(\gamma)} + \sum_{l=g+1}^{G} p_l\right), \ g = 1, 2, \cdots, G \qquad (3\text{-}28)$$

对于每一个子问题（3-27）的分配结果 p_g（3-28），只有在满足 $\sum_{g=1}^{G} p_g \leqslant P$ 时是成立的，否则将被遗弃。问题（3-26）的迭代 IPM 解法可以总结为如下的算法。在每一次迭代过程中，需要基于式（3-15）或式（3-18）求解方程 $\mathrm{Pr}_g^o(\hat{a}, \xi_g) = \gamma_{\mathrm{temp}}, g = G, G-1, \cdots, 1$，可以得到每一个用户的信道增益门限值 ξ_g。

算法 3.1　迭代 IPM 功率分配方案

1: 初始化计算精度 ε, $R_{g,\min}, g = 1, 2, \cdots, G$ 和 $\gamma_{\min} = 0$, $\gamma_{\max} = 1$

2: **while** $\gamma_{\max} - \gamma_{\min} > \varepsilon$ **do**

3:    更新 $\gamma_{\mathrm{temp}} = \dfrac{\gamma_{\max} + \gamma_{\min}}{2}$

4:    通过求解 $\mathrm{Pr}_g^o(\hat{a}, \xi_g) = \gamma_{\mathrm{temp}}$ 得到 ξ_g，计算第 g 组用户的通信速率

$$p_g^{\mathrm{temp}} = \left(2^{R_{g,\min}} - 1\right)\left(\frac{N_0}{\xi_g} + \sum_{l=g+1}^{G} P_l^{\mathrm{temp}}\right), g = G, G-1, \cdots, 1$$

5:    **if** $\sum_{g=1}^{G} P_g^{\mathrm{temp}} \leqslant P$ **then**

6:      更新 $\gamma_{\max} = \gamma_{\mathrm{temp}}$, $\gamma = \gamma_{\mathrm{temp}}$

7:   更新 $p_g^{\text{temp}} = \left(2^{R_{g,\min}} - 1\right)\left(\dfrac{N_0}{\xi_g} + \displaystyle\sum_{l=g+1}^{G} P_l^{\text{temp}}\right), g = G, G-1, \cdots, 1$

8:   **else**

9:   更新 $\gamma_{\min} = \gamma_{\text{temp}}$

10:   **end if**

11: **end while**

12: 输出 P_g

3.5   仿真结果与性能分析

  本小节将分别给出两种部分 CSI 条件下中断概率的仿真结果，基本的仿真参数为假设系统中用户组数为 $G = 3$，每组中包含有 10 个用户，相邻两组用户间的平均信道增益差为 10 dB。如图 3-2 所示，假设发端仅仅已知各组用户的平均信道增益，当信噪比趋向于无穷大时，中断概率仅仅达到 10^{-2} 量级。如果假设基站能够进一步获得每个用户的信道增益估计值时，中断概率可以降低至 10^{-5} 量级。同时可以发现信道噪声的方差越小，中断概率性能越好。与此同时，图 3-2 中对比了不同功能分配和用户方案对中断概率性能的影响。在同样采用随机选择的用户选择方案下，基于式（3-15）的功率分配方案的中断概率只能达到 10^{-2} 量级，而基于（3-18）的功率分配方案则能将中断概率降低至 10^{-3} 量级。而在假设信道噪声误差为 20 dB 时，功率分配是基于式（3-18）完成的条件下，基于（3-25）表达式的贪婪用户选择方案可以将随机用户选择方案下的中断概率从 10^{-3} 量级进一步降低至 10^{-5} 量级。

  接下来主要分析用户组数、相邻两组间平均信道增益之差等重要参数对系统中断概率性能的影响。

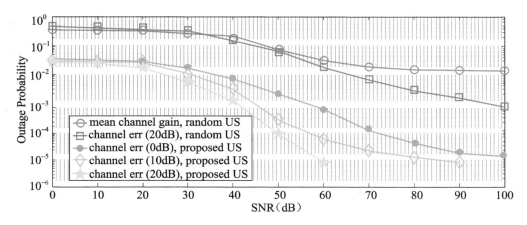

图 3-2　不同非完美 CSI 条件下的中断概率性能对比，$G=3$，$\Delta =10\,dB$

图 3-3 展示了用户组数（G）对中断概率性能的影响。仿真结果表明，中断概率性能随着用户组数的增加而不断降低，这说明在给定 SNR 的条件下，系统的中断概率和用户接入能力是一对矛盾。当信噪比很低时，需要牺牲系统的用户接入能力来保证系统中断概率需求，即选择较低的用户组数 G。而当信噪比较高时，系统中断概率已经可以满足系统要求，此时可以适当增大用户组数 G 以提高系统的用户接入能力。另一方面，用户组数 G 越大，表明同一时隙内需要服务的用户数也越多，用户端进行 SIC 解码的复杂度和时延都会增加。在实际系统中，需要根据系统速率、解码复杂度与时延以及中断概率等的实际需求综合考虑确定用户组数 G 的大小。

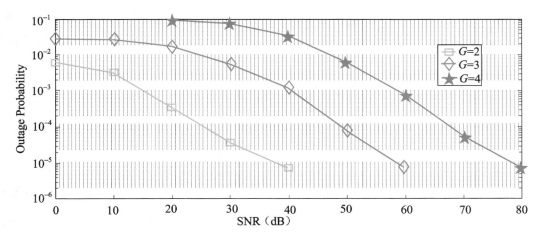

图 3-3　用户组数（G）对中断概率的影响，$\Delta=10\,dB$，$\sigma_g^2 /\sigma_{\varepsilon,g}^2 =20\,dB$

图 3-4 展示了相邻两组用户间平均信道增益的差值（Δ）对系统中断概率大小的影响。从仿真结果中可以看出，系统的中断概率性能随着 Δ 增加而不断恶化。根据文献 [68] 中的仿真结果可知，Δ 越大，NOMA 系统的频谱效率增益越大。但从图 3.4 中的结果可知，必须降低 Δ 以保证系统中断概率的性能。因而证明系统的 NOMA Gain 和中断概率之间也是一对矛盾体。同时，Δ 越小，SIC 解码器需要的解码复杂度也越大。实际应用场景下需要综合考虑解码复杂度、时延以及中断概率等需求来具体确定 Δ 的取值大小。

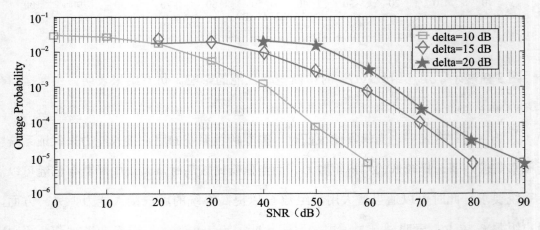

图 3-4　相邻两组平均信道增益差（Δ）对中断概率的影响，$G=3, \sigma_g^2/\sigma_{\varepsilon,g}^2 = 20$ dB

3.6　结　　论

作者讨论了部分 CSI 条件下，单一正交子载波上 SISO-NOMA 系统的资源分配问题。主要分析了两种部分 CSI 情况下用户的中断概率，分别计算出了相应中断概率的闭合表达式，并提出了 MMOP 问题的用户选择与功率分配方案。当基站仅仅可以获知用户的平均信道增益时，只能够随机进行用户选择，中断概率大约为 10^{-2} 量级。假设基站能够进一步获知用户信道信息的估计值，本章给出了更为有效的用户选择和功率分配方案。相对于前者，在获知用户的估计信道信息后，可以把用户的中断概率降至 10^{-5} 量级。另外，本章还分析了相邻组两组用户之间的平均信道增益差（Δ）以及用户组数（G）等系统参数对 NOMA 系统中断概率的影响。仿真结果表明，G 和 Δ 的取值对系统的用户分集增益和中断概率都有重大影响。同时，G 和 Δ 的取值需要综合考虑系统的抗干扰能力、解码复杂度与时延、系统的公平性需求和系统的中断概率需求等相关因素，根据 NOMA 系统的实际应用需求来确定 G 和 Δ 的取值。

OFDMA 和 NOMA 系统资源分配算法仿真验证平台的设计与实现

4.1　设计背景

下一代无线通信网络是一个庞杂的巨大系统，网络中很多节点造价昂贵，要在现实中对实际设备进行操作试验成本较高。因此，针对部分 CSI 的实际情况，建立适用于各种部分 CSI 条件下 OFDMA 和 NOMA 系统中资源分配方案的建模仿真及性能评估系统，可以帮助研究人员完成资源分配及组网设计方案的模拟测试和仿真试验，可以大大降低采用实际设备进行试验的成本。因而本书在完成 OFDMA 和 NOMA 系统中资源分配算法的设计外，还设计了一套涵盖了绝大多数 OFDMA 和部分 NOMA 系统资源分配算法的仿真验证平台，该平台包括模拟系统基站，多用户 OFDMA 系统的发射机与接收机，各种最优、次优资源分配算法模块等。基于该系统可以完成所提出算法和技术方案的性能验证、评估与比较。

MATLAB 是美国 MathWorks 公司出品的商业数学软件，具有高效的数值计算和符号计算功能、完备的图形处理功能、友好的用户界面和接近数学表达式的自然化语言以及功能丰富的应用工具箱。该软件在通信工程仿真中具有独特的优势，同时还支持图形用户界面的设计。因此本仿真平台主要基于 MATLAB 软件进行开发测试，同时利用 MATLAB 自带的 GUI 控件设计了一个支持仿真参数可视化动态配置的控制界面，方便使用者可以按照测试需求选择想要仿真的场景以及相应的仿真参数配置与优化算法。本章将分别对该平台的框架与流程、主要功能模块与测试结果进行一一介绍。

4.2　程序设计流程图与功能框架

仿真平台系统的程序流程如图 4-1 所示。首先，通过位于仿真系统前端的平台主控制界面选择具体想要仿真的场景，应用场景选择完成后通过点击"Detailed Settings"按钮进入到某一场景内具体仿真参数的配置界面。具体仿真参数的配置界面的设计满足了 OFDMA 和 NOMA 系统的不同仿真需求，包括部分 CSI 场景条件的选择以及相应传输时延和反馈信道容量等的配置，系统基本参数如用户数、子载波个数、仿真重复次数等的配置，NOMA 场景中的用户组数、每组用户数、相邻两组间用户信道增益的比值等，以及该场景下仿真的目标和相应最优或次优算法的选择。通过单击界面下方的"Save"按钮可以将本次仿真场景的所有配置参数进行储存后返回到仿真平台主界面，通过单击"Start Simulation"按钮启动本次资源分配算法的仿真，最终得到相应的仿真结果。

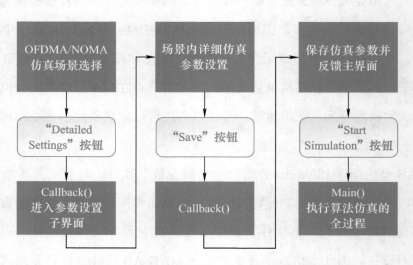

图 4-1　资源分配仿真平台程序设计流程图

图 4-2 展示了 OFDMA 与 NOMA 系统资源分配算法仿真验证平台的主要功能模块结构示意图。本仿真平台支持完美 / 非完美信道状态信息条件下 OFDMA 与 NOMA 系统中当前大多数热点应用场景下资源分配算法的仿真工作。对于优化 OFDMA 系统性能的资源分配问题，除了本书已经讨论过的部分 CSI 下 OFDMA 系统中物理层安全和能量效率优化问题的算法之外，本平台涵盖的功能模块还包括非完美 CSI 条件下单输入单输出（Single Input Single Output，SISO）OFDMA 系统中针对遍历容量、中断容量、中断概率优化问题的资源分配算法，完美 CSI 条件下 MIMO-OFDM 系统中不同 MIMO 检测器下优化误码率性能的资源分配问题、非完美 CSI 条件下优化 MIMO-

OFDMA 系统中断概率问题的资源分配算法等。而针对 NOMA 系统中的资源分配优化问题，本平台除支持本书在上一章中讨论的部分 CSI 下 NOMA 系统中断概率最小化的问题之外，还支持研究完美 CSI 下 NOMA 系统容量最大化的问题，包括：单载波 SISO-NOMA 系统、单载波 MIMO-NOMA 系统和多载波 SISO-NOMA 系统等三种典型的场景，每一种场景下均参考了国内外的前沿技术成果，实现了不止一种资源分配的算法，平台支持统一参数配置情况下不同算法间性能的比较。仿真平台的顶层模块可根据我们在主仿真界面中的参数选择进入到相应具体仿真场景的参数配置的顶层模块中去。然后每个应用场景的参数配置子界面包含了该场景下具体优化目标的选择、优化算法的配置以及包括子载波个数、用户数、仿真重复次数等通用类仿真参数的配置。每一个参数配置子界面后面都配置有参数校正与储存模块，在通过 GUI 界面进行参数配置的同时对于不符合系统场景应用假设的参数进行校正与提醒，并将所有的仿真参数保存起来后进入到主仿真程序。在仿真结束之后，平台将仿真得到的数据输入到仿真结果输出与比较模块中，可以得到同一场景下不同算法性能进行比较的结果直观示意图。

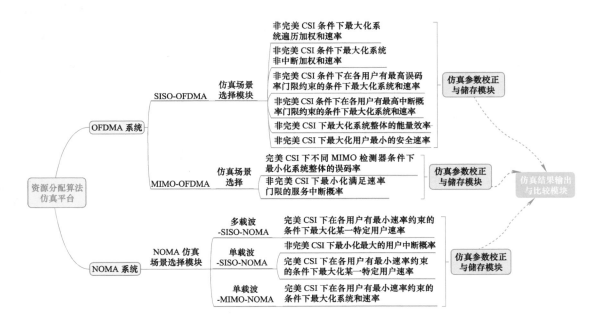

图 4-2　资源分配仿真平台功能模块框架结构图

4.3 仿真平台的主要功能模块设计和实现

4.3.1 仿真平台主界面

仿真平台的主界面如图 4-3 所示，该界面通过 MATLAB GUI 设计实现。该系统支持中继协作通信和无中继下的点对点通信两大类场景，介于本书的研究背景主要集中在无中继协助的点对点通信，因而在本章主要介绍图 4-3 中"No Relay"场景下的仿真平台功能。仿真平台的主界面主要负责仿真场景的选择，包括 OFDMA 或 NOMA 系统、SISO 或 MIMO、完美 CSI 或非完美 CSI 的选择等。特别值得注意的是，本平台除了支持非完美 CSI 下 OFDMA 系统中能量效率、物理层安全和 NOMA 系统中断概率的优化问题的仿真工作之外，还支持非完美 CSI 条件下，单天线与多天线 OFDMA 系统中遍历与中断容量、中断概率、误码率等优化目标的仿真以及完美 CSI 条件下 NOMA 系统在单天线、多天线等场景下系统容量的仿真工作。本书将在 4.3.2 小节中对仿真平台中的各个功能模块进行一一详细地介绍，4.4 小节则给出各类场景下的仿真结果。

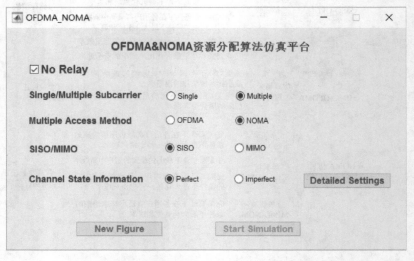

图 4-3　资源分配仿真平台的主控制界面示意图

4.3.2 具体仿真场景的参数配置模块

本小节将分别介绍仿真验证平台所支持的主要资源分配功能模块，给出相应的参数配置界面与算法原理。

1. 非完美 CSI 下 SISO-OFDMA 系统中的资源分配模块

本仿真平台支持非完美 CSI 下 SISO-OFDMA 系统中系统容量、中断概率、误码率、能量效率、物理层安全等优化目标的资源分配算法验证工作，具体参数配置界面如图 4-4 所示。其中界面上半部分主要负责进行部分 CSI 的场景选择以及参数配置，主要包括两种，即本书在 2.2.2 和 2.2.3 小节中讨论过的 CSI 存在传输时延以及 CSI 反馈信道容量受限两类情况，可以针对每一类情况下的反馈信道容量、信道时延与预测阶数、信噪比等参数进行动态配置。界面的下半部分是优化目标的选择以及相应场景下的参数设置。针对 CSI 传输时延引起的部分 CSI 情况，本平台支持下文中的（1）（2）（5）问题优化算法的验证；而对于 CSI 反馈信道容量有限引起的部分 CSI 场景，本平台支持下文中的（3）（4）（5）问题优化算法的验证。

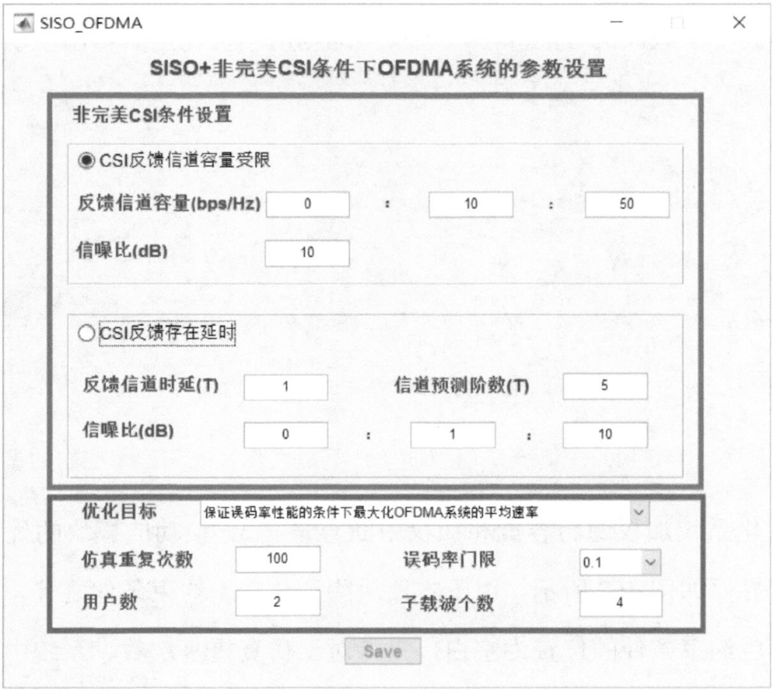

图 4-4 非完美 CSI 下 SISO-OFDMA 系统仿真参数配置界面

（1）满足给定用户误码率门限的条件下最大化系统和速率。该功能模块的优化目标选择与仿真参数配置界面如图 4-5 所示，支持动态选择用户的误码率门限。本功能模块主要参考的是文献 [69] 中对于算法的描述，通过分别解决子载波和功率分配两个子问题来解决满足功率和误码率门限需求的系统加权和速率最大化问题的次优解。

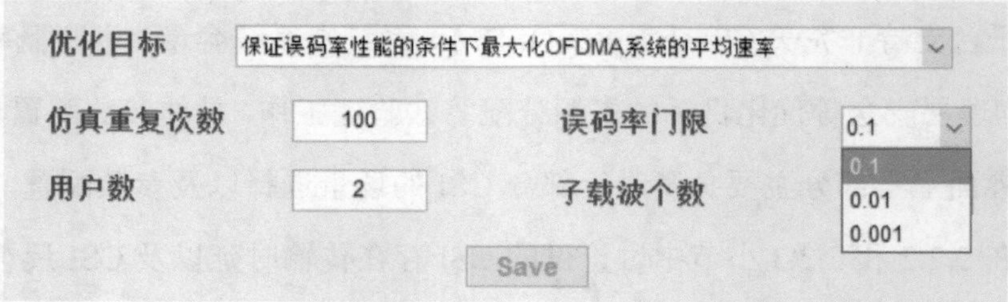

图 4-5　满足给定用户误码率门限的条件下最大化系统和速率问题的参数设置

（2）满足给定用户中断概率门限的条件下最大化系统和速率。该功能模块的优化目标选择与仿真参数配置界面如图 4-6 所示，支持对于用户的中断概率需求进行配置。本功能模块主要参考的是文献 [25] 中对于算法的描述，文献 [25] 中首先推导出了基于中断概率门限的用户等效信道增益，并将其作为资源分配问题的基本参数。文中基于贪婪算法给出了问题中子载波的分配算法，进一步地利用凸优化工具得出了功率分配问题的最优解。

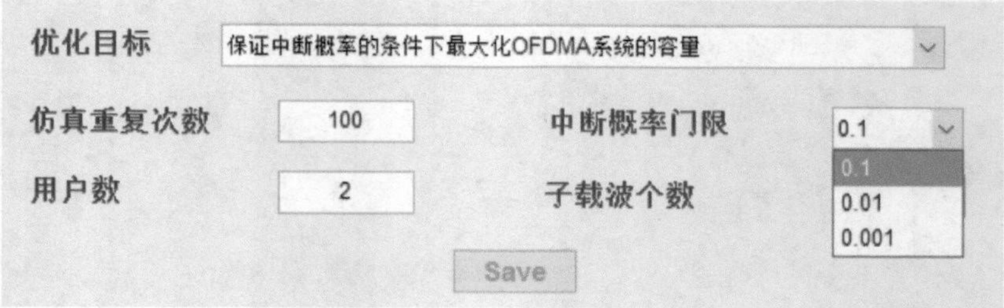

图 4-6　满足给定用户中断概率门限的条件下最大化系统和速率问题的参数设置

（3）最大化系统加权遍历容量和加权中断容量 [6-7]。该功能模块的优化目标选择与仿真参数配置界面如图 4-7 所示，由于本模块除了总功率约束条件之外，并无其他约束条件，因而相应约束条件的位置为空白，支持对于仿真重复次数、系统中用户总数与子载波个数等基本仿真参数的动态配置。

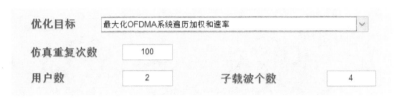

图 4-7　最大化系统加权遍历 & 非中断和速率问题的参数设置

（4）最大化系统的能量效率。

（5）最大化系统中最差用户的安全速率。

关于问题（4）和（5），本书已在第二章中对其进行了重点描述，此处将不再赘述，优化目标选择和仿真参数配置界面也与图 4-7 近似。

2. MIMO-OFDMA 系统中的资源分配算法

（1）完美 CSI 下不同 MIMO 检测器条件下最小化系统的误码率。本平台所支持的针对不同 MIMO 检测器下优化 OFDMA 系统误码率性能的资源分配算法模块主要参考文献 [70]。在文献 [70] 中，作者研究了基于不同 MIMO 检测器下 MIMO-OFDMA 系统的资源分配问题，优化目标是给出一种子载波和功率分配方案使得系统的误码率最小，而问题的约束条件是最典型的系统总功率约束。由于误码率和系统实际使用的 MIMO 检测器有关，针对三种典型的检测器：最大似然检测器（Maximum Likelihood，ML）、线性迫零（Zero Forcing，ZF）检测器和串行干扰（Successive Interference Cancellation，SIC）检测器，分别研究了子载波和功率分配策略。如图 4-8 所示为该仿真功能的仿真参数配置界面。针对每一种 MIMO 检测器，本平台支持包括基于穷尽搜索最优算法与多种次优算法的仿真工作，使用者可以按照实际需求进行选择，并可以支持不同算法之间性能的比较。与此同时，平台支持动态配置仿真中的信噪比、系统中用户数及子载波个数、发射与接收天线数目等。

（2）非完美 CSI 下 MIMO-OFDMA 系统中最小化系统的服务中断概率。本平台所支持的非完美 CSI 下 MIMO-OFDMA 系统中最小化系统中断概率问题的算法主要参考的是文献 [71]。该功能模块的优化目标选择与仿真参数配置界面如图 4-9 所示。该功能模块可以支持仿真能量效率或服务中断概率与发射功率约束、最低通信速率门限需求以及 CSI 噪声方差之间的关系，并且给出了每一类问题的次优解算法性能与最优解的上界。

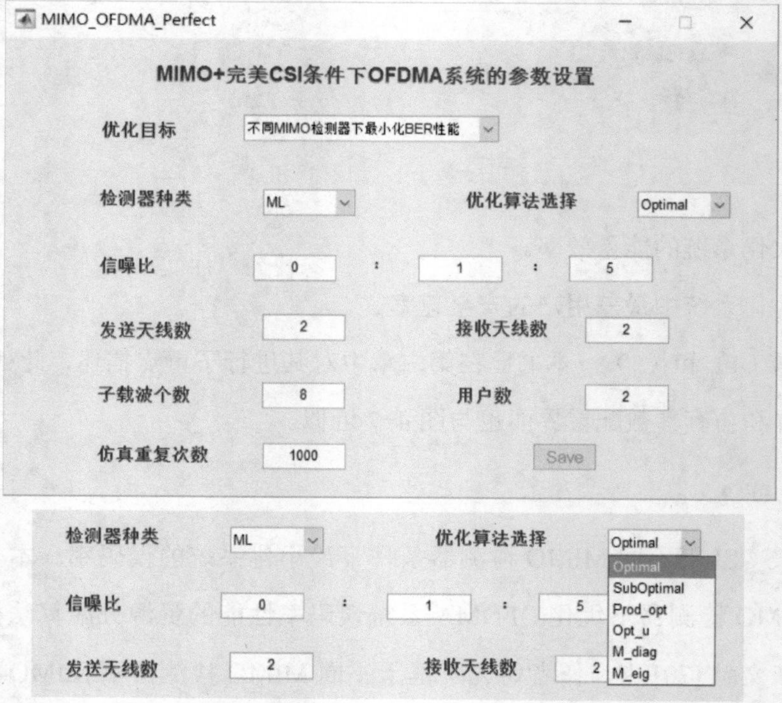

图 4-8 完美 CSI 下不同 MIMO 检测器条件下 OFDMA 系统误码率仿真参数配置界面

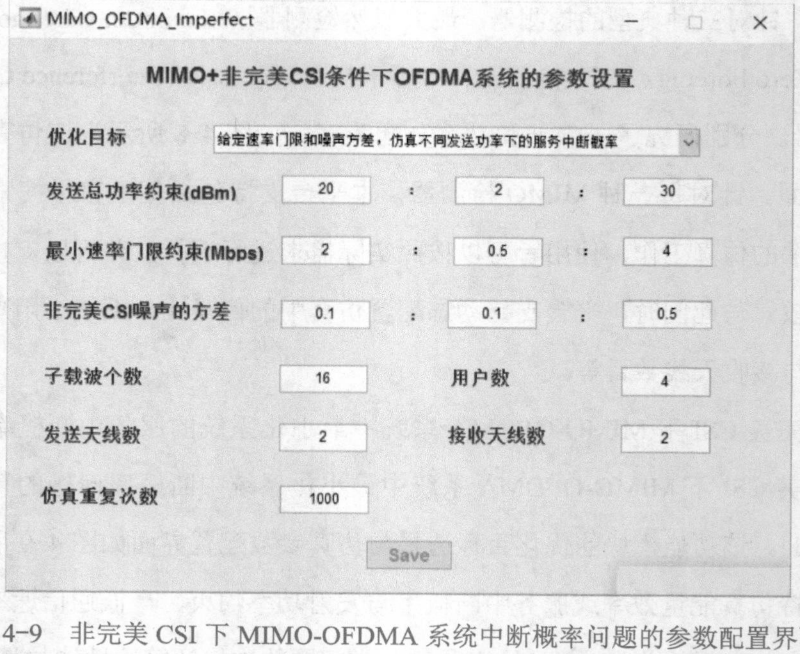

图 4-9 非完美 CSI 下 MIMO-OFDMA 系统中断概率问题的参数配置界面

3. 完美 CSI 下 NOMA 系统中的资源分配算法

对于完美 CSI 下 NOMA 系统中系统容量的优化问题，本平台主要支持以下三种场景。

（1）最大化单载波 SISO 的 NOMA 系统频谱效率。本功能模块的算法设计主要参考文献 [72]，支持对比 MMRC、WSRMC、SRMC-MRC 和 SURMC-MRC 四种优化准则在系统总速率方面的性能表现。通过对比发现，SURMC-MRC 在三者之中更具优势。因此，文中主要针对 SRMC-MRC 问题进行研究，分为用户选择和功率分配两个方面。对于用户选择问题，作者提出以用户的路径损耗为依据对用户进行分组的思想，从而提出一种能降低计算复杂度的贪婪算法。对于功率分配问题，文中分析并给出了在单载波单天线条件下，基于 SURMC-MRC 问题的最优功率分配算法。图 4-10 为该功能模块的优化算法选择与仿真参数配置界面。

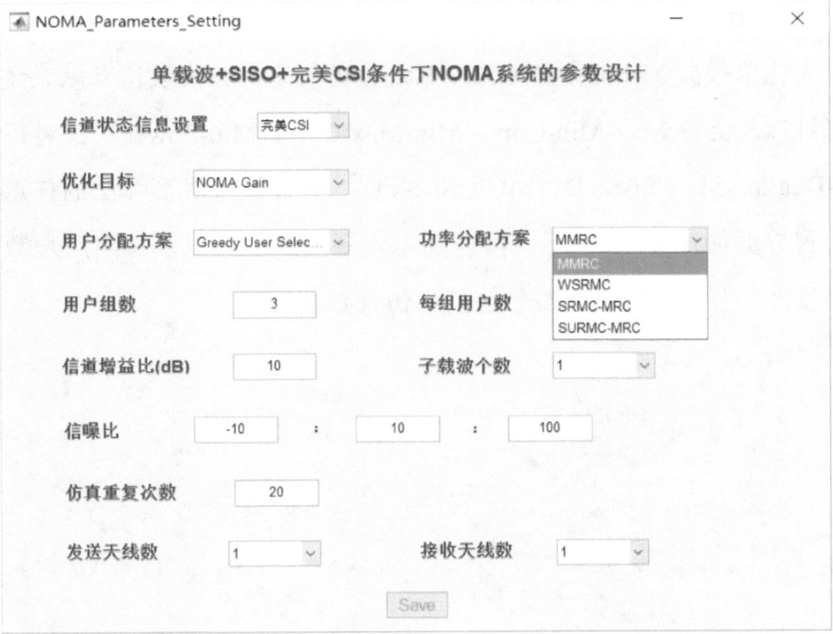

图 4-10　单载波 SISO 的 NOMA 系统频谱效率问题的参数配置界面

（2）最大化多载波 SISO 的 NOMA 系统频谱效率。该功能模块的实现主要参考文献 [73] 中对于该问题的求解方式。本模块中仍然以 SURMC-MRC 问题作为优化目标，包括了 UD+SURMC-MRC、WF+SURMC-MRC 和 Interactive WF+SURMC-MRC 三种功率分配方式。仿真参数配置界面如图 4-11 所示，可以对用户组数以及每组用户数、相邻组之间的信道增益比等参数进行动态设置。

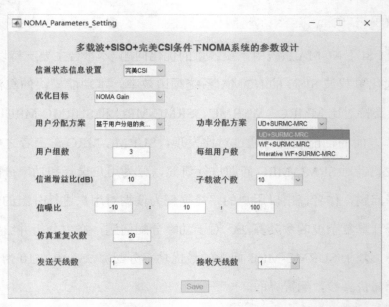

图 4-11　多载波 SISO 的 NOMA 系统频谱效率问题的参数配置界面

（3）最大化单载波 MIMO 的 NOMA 系统频谱效率。该模块仿真以系统总容量最大化作为优化目标，支持 Max-Min-Corr、Min-Max-Corr、Min-Power[74] 三种用户选择方案以及 Quasi-Degra、SU-CSI-SVD、MU-CSI-SVD[74] 三种波束成形算法的任意组合搭配。仿真参数配置界面如图 4-12 所示，可以动态设置用户组数以及每组用户数、相邻组之间的信道增益比、发射与接收天线数等基本仿真参数。

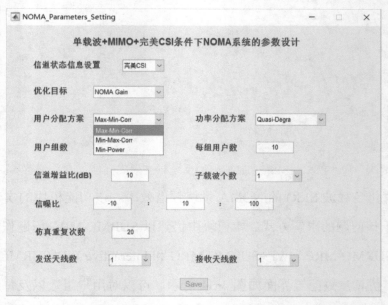

图 4-12　单载波 MIMO 的 NOMA 系统容量问题的参数配置界面

4. 非完美 CSI 下单载波 SISO-NOMA 系统中的资源分配算法

该问题的算法原理已经在第三章中做过详细的介绍，具体的仿真参数设置界面如图 4-13 所示。该模块中包含了两种用户选择的方案：（1）基于平均信道增益；（2）基于平均信道增益以及部分 CSI 估计值，可以根据仿真需求进行自主选择。

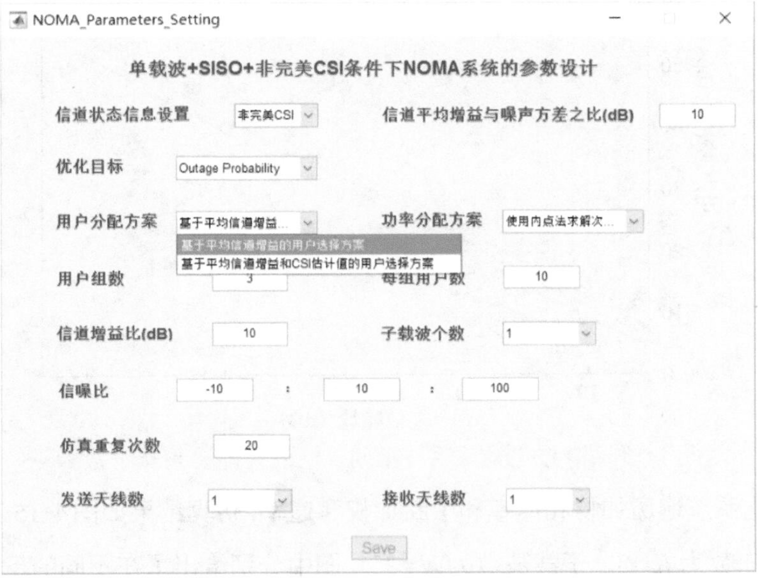

图 4-13　非完美 CSI 下单载波 SISO-NOMA 系统仿真参数配置界面

4.4　仿真平台的测试结果

鉴于本书的篇幅有限，本节将给出本仿真平台所支持的 OFDMA 和 NOMA 系统中部分核心资源分配问题功能模块的仿真结果。

4.4.1　OFDMA 系统中的仿真结果

1. 非完美 CSI 条件下 SISO-OFDMA 频谱效率问题的性能

（1）给定用户中断概率门限的条件下最大化系统和速率，仿真结果如图 4-14 所示。其中用户数为 $K=8$，子载波数为 $N=32$，中断概率的门限要求为 0.1。仿真结果表明文中所提出优化吞吐量的算法在延迟、误差较大的条件下，依靠低阶的信道预测算法仍然可以使得 OFDMA 系统有很好的性能。

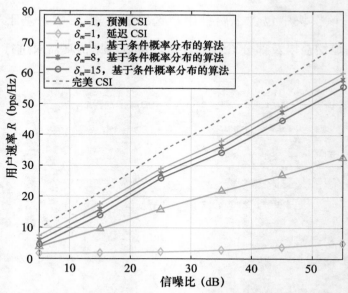

图 4-14　单播 OFDMA 系统不同算法的性能：预测阶数 $Q=5$

（2）最大化系统遍历加权和速率和中断加权和速率，仿真结果如图 4-15 和图 4-16 所示，仿真中假设用户数为 $K=8$，子载波数为 $N=32$。图中分别给出了在不同的反馈信道容量下，基站采用资源分配的算法所能够达到的下行的遍历加权和速率，同时我们还考虑了基站在完全 CSI 下进行资源分配所能够达到的最大速率。从仿真结果中可以发现随着反馈信道容量的增加，遍历的和非中断的和速率都会收敛到完全 CSI 下的速率，在子载波之间的间隔较小时，在较低的反馈信道容量下，两类速率都可以接近于完全 CSI 的情形。

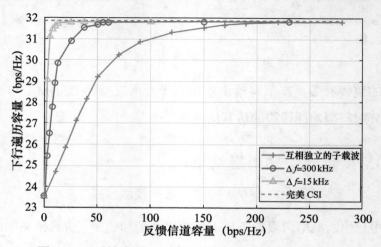

图 4-15　反馈容量 VS 遍历加权和速率：SNR＝20 dB

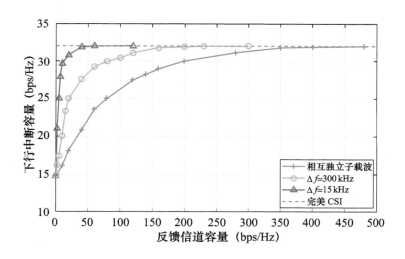

图 4-16　反馈容量 VS 非中断和速率：SNR = 20 dB

2. 完美 CSI 条件下 MIMO 检测器 OFDMA 系统的 BER 性能

在本小节的仿真结果中，我们均假设系统中包含有 $K=4$ 个用户以及 $N=8$ 个子载波，发射和接收天线数均为 2 根。

（1）最大似然检测器，仿真结果如图 4-17 所示，给出了不同 SNR 下最优以及三种次优算法的 BER 性能。仿真结果发现文献 [70] 所提出的次优算法能够得到与最优算法非常接近的误码率性能，特别是在信噪比较高时，同时验证了次优算法的性能要优于经典的 Prod_opt 和 Opt_u 算法。

（2）迫零检测器，仿真结果如图 4-18 所示，给出了不同 SNR 下最优以及四种次优算法的 BER 性能。仿真结果显示本章所提出的 M_eig 和 M_diag 算法的性能和最优算法的性能非常接近。同时可以观察到 M_diag 算法优于 M_eig 算法，这是因为 M_diag 算法比 M_eig 算法采用了更紧的上界进行放松。

（3）串行干扰消除检测器，仿真结果如图 4-19 所示，给出了不同 SNR 下最优算法以及三种次优算法的 BER 性能。仿真结果发现文献 [70] 所提出的次优算法能够得到与最优算法非常接近的误码率性能，同时验证了次优算法的性能要优于经典的 Prod_opt 和 Opt_u 算法。

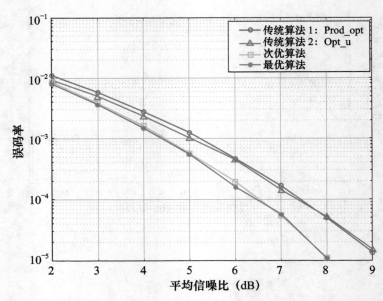

图 4-17　最大似然检测器下 MIMO-OFDMA 系统的平均误码率性能比较

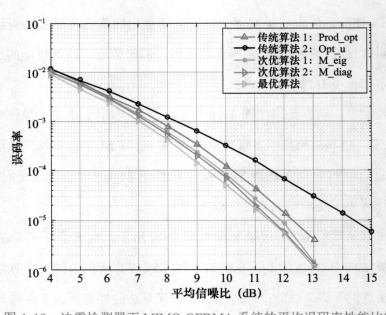

图 4-18　迫零检测器下 MIMO-OFDMA 系统的平均误码率性能比较

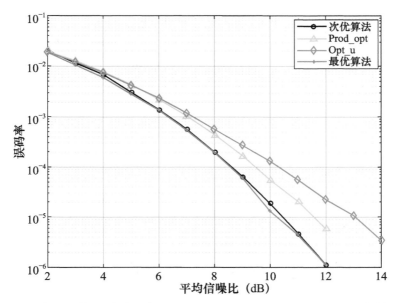

图 4-19　串行干扰消除检测器下 MIMO-OFDMA 系统的平均误码率性能比较

4.4.2　NOMA 系统中的仿真结果

本仿真平台支持完美 CSI 以及非完美 CSI 下 NOMA 系统频谱效率优化算法的仿真工作，其中非完美 CSI 条件下的仿真结果已经在 3.5 小节中给出，因此本小节主要给出完美 CSI 条件下单载波、多载波 NOMA 系统的仿真结果。本书主要通过系统的和速率（Sum Rate）来评价完美 CSI 下 NOMA 系统的优化频谱效率问题资源分配算法的性能。为了能客观反映非正交多址接入方式相对于正交多址接入方式所能带来的性能提升，本书定义评价参数 NOMA Gain，它表示在相同的发射总功率约束下 NOMA 系统和速率与 TDMA 系统和速率的比值，即

$$\text{NOMA Gain} = \frac{\text{NOMA Sum Rate}}{\text{TDMA Sum Rate}} \tag{4-1}$$

（1）完美 CSI 条件下单载波 SISO-NOMA 系统频谱效率问题的性能仿真。图 4-20 对比了 MMRC、SRMC-MRC 和 SURMC-MRC 三种功率分配准则下的 NOMA Gain 性能。仿真中假设用户组数为 $G = 3$，每一组用户中包含有 10 个用户，相邻两组用户之间平均信道增益的比值为 10 dB。仿真结果显示当 $g_0 = G$ 时，基于 SURMC-MRC 准则求解得到的 NOMA Gain 性能可以很好逼近 SRMC-MRC 的 DC 解却能够大幅降低计算的复杂度。

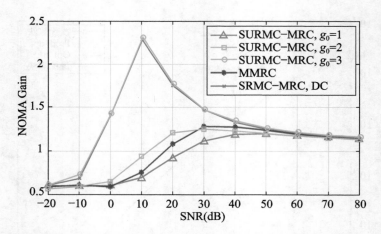

图 4-20　单载波 NOMA 系统三种功率分配算法的 NOMA Gain 性能对比，$G=3$，$\Delta=10$ dB

（2）完美 CSI 条件下多载波 SISO-NOMA 系统频谱效率问题的性能仿真。在该仿真场景中，具体仿真参数的配置情况为：用户组数 $G=3$，相邻组用户间的平均信道增益比 $\Delta=10$ dB，每组用户的用户数分别为 10，平均信道增益最大的第 G 组用户的平均信道增益为 $\sigma_G^2=1$，子载波数 $N=10$，系统整体的总功率限制为 $P=100$ W。假设 N_0 代表高斯噪声的功率，大小由仿真参数配置的信噪比决定，即 $\text{SNR}=\dfrac{P}{N_0}$。图 4-21 对比了 UD+SURMC−MRC、WF+SURMC−MRC 和 Iterative WF+SURMC−MRC 三种功率分配算法的 NOMA Gain 性能。仿真结果与文献 [73] 中的完全一致，从结果可以分析出文献中主要推荐的 Iterative WF+SURMC−MRC 算法在 SNR=10 dB 时的性能最佳。

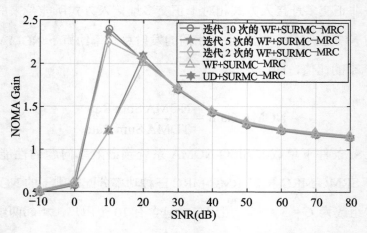

图 4-21　OFDM-NOMA 系统三种功率分配算法的 NOMA Gain 性能对比

（3）非完美 CSI 条件下多载波 SISO-NOMA 系统频谱效率问题的性能仿真。图

4-22 中对比了 Min-Power、Max-Min-Corr 和 Min-Max-Corr 三种用户选择方案和 SU-CSI-SVD、MU-CSI-SVD，Quasi-Degra 三种波束成形方案两两组合后所得到的 NOMA Gain 性能，其中用户组数 $G=4$，发射天线数 $N_T=8$，接收天线数 $N_R=1$，相邻两组间用户的平均信道增益之比为 $\Delta=10$dB。仿真结果显示，对于三种波束成形方案，Min-Power 方案能够比另外两种用户选择方案获得更好的性能，特别是在信噪比较低的时候。这是因为另外两种用户选择方案的求解都是与波束成形方案相互独立的，并不能普遍适用于每一种波束成形方案，而 Min-Power 用户选择方案避免了以上两种用户选择方案的缺陷。

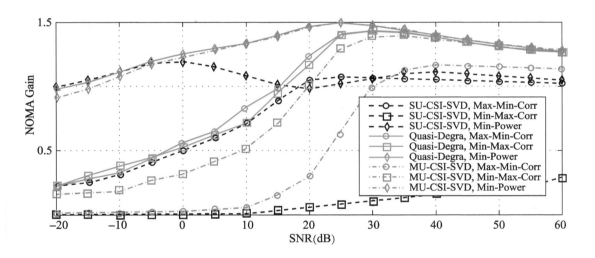

图 4-22　不同 US 方案的 NOMA Gain 性能对比，$G=4$，$N_T=8$，$\Delta=10$ dB

4.5　结　　论

本章介绍了基于 MATLAB 软件的 OFDMA 与 NOMA 系统中资源分配算法仿真验证平台的设计与实现过程，该平台通过 GUI 控件实现可视化的界面控制，支持仿真场景的自由选择、仿真参数的可视化动态配置、多种子载波分配算法与功率分配算法的任意组合搭配、同一场景优化目标下不同算法之间性能的比较等功能。本平台可以支持绝大多数 OFDMA 系统应用场景以及部分 NOMA 系统中应用场景的资源分配算法功能评估与验证，涵盖了对于系统吞吐量、中断概率、能量效率、物理层安全等诸多前沿热门的资源分配问题的研究目标的仿真工作，可以很好帮助研究者进行资源分配及组网设计方案的模拟测试和仿真实验，仿真测试结果稳定。

第五章

结 束 语

本书围绕部分 CSI 下 OFDMA 和 NOMA 系统中的资源分配问题进行了介绍。首先，第一章介绍了研究的背景，包括 OFDMA 技术的发展历程与 OFDMA 系统资源分配问题的研究现状、功率域 NOMA 技术的基本概念以及研究现状等，结合新一代移动通信的发展趋势，提出了一些亟待解决的关键问题，并介绍了研究的主要内容。第二章重点研究部分 CSI 下 OFDMA 系统中优化物理层安全、能量效率问题的资源分配算法。第三章深入研究了部分 CSI 下 NOMA 系统中断概率问题的资源分配方案。第四章则介绍了基于 MATLAB 软件所搭建的资源分配算法的仿真验证平台的主要功能和测试结果。主要工作和相关结论如下：

第二章主要研究了 OFDMA 系统中的资源分配算法。不同于前人的工作，本书假设基站不能完美获知用户的信道状态信息。我们首先推导了三种不完全 CSI 情况下真实 CSI 相对于基站所获得的部分 CSI 的统一的条件概率分布表达式，这三种情形包括：1）CSI 存在噪声和检测误差；2）CSI 存在噪声和延迟下基站采用 LMMSE 预测信道；3）反馈速率受限下用户使用可以达到最小失真度的信源编码方式反馈 CSI。然后，本书重点研究了 OFDMA 系统中物理层安全和能量效率的优化问题。对于部分 CSI 下 OFDMA 系统的物理层安全问题，本书研究了最大化系统中最差用户安全通信速率的资源分配问题，并给出了问题的最优与次优算法。次优算法将原问题拆分成两个子问题，给出了在固定子载波分配下最优的功率分配方案，同时提出使用贪婪算法思想的子载波分配方案，取得了与基于穷尽搜索办法得到的问题最优解近似相等的性能。对于部分 CSI 下 OFDMA 系统中的能量效率优化问题，本书研究了反馈信道容量受限条件下，在满足每个用户通信需求的同时最大化系统整体的能量效率。通过分式优化理论和拉格朗日对偶算法得到了原问题的近似最优解。仿真结果显示较高的通信速率门限需求会导致一定程度上能量效率的损失；同时当反馈信道容量较高时，非完美 CSI 条件下的能量效率可以逼近完美 CSI 的情况。

第三章研究了部分 CSI 下 NOMA 系统中的资源分配问题。鉴于目前大多数 NOMA 系统中的资源分配问题的研究工作主要集中于在完美 CSI 条件下如何提高系统整体的容量，而对于部分 CSI 下的中断概率的研究相对较少。因而本书主要围绕部分 CSI 条件下单载波单天线的 NOMA 系统中，实现了最小化系统中最大中断概率（MMOP）的优化。在假设基站可以获知各用户的平均信道增益，并以此为依据将各用户解码顺序固定为平均信道增益递增的顺序的条件下，给出了各用户的中断概率的闭合表达式。通过这一假设能够大大简化各用户的中断概率表达式，并为 MMOP 问题的求解提供了很大的方便。我们将 NOMA 系统中基于 MMOP 的优化问题分为用户选择和功率分配两部分，并给出了在不同 CSI 条件下的用户选择方案，同时也基于各用户的中断概率表达式给出了MMOP 问题的低复杂度的功率分配方案。

第四章介绍了基于 MATLAB 软件的 OFDMA 和 NOMA 系统中资源分配算法仿真验证平台的设计与实现。该平台通过 GUI 控件实现可视化的界面控制，支持仿真场景的自由选择、仿真参数的可视化动态配置、多种子载波分配算法与功率分配算法的任意组合搭配、同一场景优化目标下不同算法之间性能的比较等功能。该平台可以支持绝大多数 OFDMA 系统应用场景以及部分 NOMA 系统中应用场景的资源分配算法功能评估与验证，涵盖了对于系统吞吐量、中断概率、能量效率、物理层安全等诸多前沿热门的资源分配问题的研究目标的仿真工作，可以很好地帮助研究者进行资源分配及组网设计方案的模拟测试和仿真实验，仿真测试结果稳定。

5.2 未来展望

由于研究时间有限，本书还存在着一些问题亟待后续工作的研究与完善。作为本书的继续深入，笔者将从以下几个方面进行下一步的研究工作：

（1）基于其他优化准则的单载波 NOMA 系统中资源分配问题的研究，特别是以能量效率最大化准则。随着绿色通信理念的深入，研究如何节能是 5G 应用的重大课题。因此，研究在绿色通信理念下 NOMA 系统的资源分配问题具有重要意义。同时考虑将 NOMA 系统与物理层安全的应用场景相结合，研究完美以及非完美 CSI 条件下 NOMA 系统中的安全通信速率最大化问题。

（2）加深对于 NOMA 系统中较为复杂资源分配问题的研究。如 OFDM-NOMA 系统资源分配问题的研究，特别是部分 CSI 条件下的中断概率问题。

（3）继续完善资源分配算法仿真验证平台的搭建与测试，丰富平台现有的功能模块，继续提高系统的普遍适用性。其次，由于协作用户数目增长到一定程度对于系统的性能提升已经非常有限，而增加用户数目意味着协作开销的增大。因此需要定量地考虑协作用户数目对系统性能的影响，从而优化实际过程中协作用户的数目。

总体而言，无线通信资源分配技术在优化通信网络结构、提升网络性能和用户体验方面有着至关重要的作用。如何继续完善现有 OFDMA 技术存在的漏洞以及不断挖掘 NOMA 技术与各种应用场景的结合方面还有很多的工作要做，本书可以作为部分信道状态信息条件下 OFDMA 系统资源分配技术研究工作的一个总结，但未来对于部分信道状态信息下的 OFDMA 系统资源分配技术的完善以及 NOMA 相关技术的标准化还有很长的一段路要走。

参 考 文 献

[1] Andrews J G, Buzzi S, Wan C, et al. What Will 5G Be? [J]. IEEE Journal on Selected Areas in Communications, 2014, 32(6): 1065−1082.

[2] Chihlin I, Rowell C, Han S, et al. Toward Green and Soft: A 5G Perspective[J]. IEEE Communications Magazine, 2014, 52(2): 66−73.

[3] Wang C X, Haider F, Gao X, et al. Cellular Architecture and Key Technologies for 5G Wireless Communication networks[J]. IEEE Communications Magazine, 2014, 52(2): 122−130.

[4] Ismail M, Zhuang W, Serpedin E, et al. A Survey on Green Mobile Networking: From The Perspectives of Network Operators and Mobile Users[J]. IEEE Communications Surveys and Tutorials, 2015, 17(3): 1535−1556.

[5] Buzzi S, Chih-Lin I, Klein T E, et al. A Survey of Energy-Efficient Techniques for 5G Networks and Challenges Ahead[J]. IEEE Journal on Selected Areas in Communications, 2016, 34(4): 697−709.

[6] Wu B, Bai L, Chen C, et al. Resource Allocation for Maximizing Outage Throughput in OFDMA Systems with Finite-rate Feedback[J]. Eurasip Journal on Wireless Communications & Networking, 2011(1): 56.

[7] Chen C, Bai L, Wu B, et al. Downlink Throughput Maximization for OFDMA Systems with Feedback Channel Capacity Constraints[J]. IEEE Transactions on Signal Processing, 2011, 59(1): 441−446.

[8] Chang R W. Synthesis of Band Limited Orthogonal Signals for Multichannel Data Transmission[J]. Bell Labs Technical Journal, 1966, 45(10): 1775−1796.

[9] Xiong C, Li G Y, Zhang S, et al. Energy-Efficient Resource Allocation in OFDMA Networks[J]. IEEE Transactions on Communications, 2012, 60(12): 3767−3778.

[10] Li Y, Sheng M, Tan C W, et al. Energy-Efficient Subcarrier Assignment and Power Allocation in

OFDMA Systems With Max-Min Fairness Guarantees[J]. IEEE Transactions on Communications, 2015, 63(9): 3183−3195.

[11] Sadr S, Anpalagan A, Raahemifar K. Radio Resource Allocation Algorithms for the Downlink of Multiuser OFDM Communication Systems [J]. IEEE Communications Surveys & Tutorials, 2009, 11(3): 92−106.

[12] Morris P D, Athaudage C R N. Fairness Based Resource Allocation for Multi-User MIMO-OFDM Systems[C]. Vehicular Technology Conference, 2006. Vtc 2006-Spring. IEEE. 2006, 314−318.

[13] Al-Ghadhban S, Mahmoud A S H. Resource Allocation Scheme for MIMO-OFDMA Systems with Proportional Fairness Constraints[C]. IEEE International Conference on Wireless and Mobile Computing, Networking and Communications, 2012, 512−516.

[14] Sun Y, Honig M L. Asymptotic Capacity of Multicarrier Transmission Over A Fading Channel with Feedback[C]. Proc. IEEE ISIT '03. Okohama, Japan, 2003, 40.

[15] Sun Y, Honig M L. Minimum Feedback Rates for Multicarrier Transmission with Correlated Frequency-Selective Fading[C]. Proc. IEEE GLOBECOM '03. San Francisco, USA, 2003, vol. 3, 1628−1632.

[16] Rong Y, Vorobyov S A, Gershman A B. Adaptive OFDM Techniques with One-Bit-Per-Subcarrier Channel-State Feedback[J]. IEEE Transactions on Communcations. 2003, 54(11): 1993−2003.

[17] Choi E H, Choi W, Andrews J G, et al. Power Loading Using Order Mapping in OFDM Systems with Limited Feedback[J]. IEEE Signal Processing Letters. 2008, 15: 545−548.

[18] Wong I C, Evans B L. Optimal Downlink OFDMA Subcarrier, Rate, and Power Allocation with Linear Complexity to Maximize Ergodic Weighted-Sum Rates[C]. Proc. IEEE GLOBECOM '07. Washington D.C., USA, 2007, 1683−1687.

[19] Wong I C, Evans B. Optimal Resource Allocation in the OFDMA Downlink with Imperfect Channel Knowledge[J]. IEEE Transactions on Communcations. 2009, 57(1): 232−241.

[20] Wong I C, Evans B L. Sinusoidal Modeling and Adaptive Channel Prediction in Mobile OFDM Systems[J]. IEEE Transactions on Signal Processing. 2008, 56(4): 1601−1615.

[21] Cover T M, Thomas J A. Elements of Information Theory[M]. 2nd. New Jersey: Wiley-

Interscience, 2006.

[22] Agarwal R, Majjigi V, Zhu H, et al. Low Complexity Resource Allocation with Opportunistic Feedback Over Downlink OFDMA Networks[J].IEEE Journal on Selected Areas in Communications. 2008, 26(8): 1462−1472.

[23] Chen J, Berry R A, Honig M L. Performance of Limited Feedback Schemes for Downlink OFDMA with Finite Coherence Time[C]. Proc. IEEE ISIT '07. Nice, France, 2007, 2751−2755.

[24] Kuehne A, Klein A. Adaptive Subcarrier Allocation with Imperfect Channel Knowledge Versus Diversity Techniques in a Multi-user OFDM-System[C]. Proc. IEEE PIMRC' 07. Athens, Greece, 2007, 1−5.

[25] Wu B, Chen C, Bai L, et al. Resource Allocation for OFDMA Systems with Guaranteed Outage Probabilities[C]. International Wireless Communications and Mobile Computing Conference. 2010, 731−735.

[26] Tse D, Viswanath P. Fundamentals of Wireless Communication[M]. Cambridge University Press.

[27] Luo F L, Zhang C. Non-Orthogonal Multiple Access (NOMA): Concept and Design [M]. John Wiley and Sons, Ltd, 2016.

[28] Ding Z, Liu Y, Choi J, et al. Application of Non-Orthogonal Multiple Access in LTE and 5G Networks [J]. IEEE Communications Magazine. February 2017, 55(2): 185−191.

[29] Saito Y, Kishiyama Y, Benjebbour A, et al. Non-Orthogonal Multiple Access (NOMA) for Cellular Future Radio Access[C]. Vehicular Technology Conference (VTC Spring), 2013 IEEE 77th. 2013, 1−5.

[30] Benjebbour A, Li A, Saito Y, et al. System-level Performance of Downlink NOMA for Future LTE enhancements[C]. Globecom Workshops (GC Wkshps), 2013 IEEE. 2013, 66−70.

[31] Ding Z, Yang Z, Fan P, et al. On the Performance of Non-Orthogonal Multiple Access in 5G Systems with Randomly Deployed Users[J]. IEEE Signal Processing Letters. Dec 2014, 21(12): 1501−1505.

[32] Timotheou S, Krikidis I. Fairness for Non-Orthogonal Multiple Access in 5G Systems[J]. IEEE Signal Processing Letters. 2015, 22(10): 1647−1651.

[33] Wong I C, Shen Z, Evans B L, et al. A Low Complexity Algorithm for Proportional Resource Allocation in OFDMA Systems[C]. Signal Processing Systems, 2004. SIPS 2004. IEEE Workshop on. 2004, 1–6.

[34] Li G, Liu H. Resource Allocation for OFDMA Relay Networks With Fairness Constraints[J]. IEEE Journal on Selected Areas in Communications. 2006, 24(11): 2061–2069.

[35] Ekman T. Prediction of Mobile Radio Channels: Modeling and Design[D]. Ph.D. thesis, Uppsala University, 2002.

[36] Chen M, Ekman T, Viberg M. New Approaches for Channel Prediction Based on Sinusoidal Modeling[J]. EURASIP J Appl Signal Process. 2007, 2007(1): 197–197.

[37] 龚昱, 韩涵, 林孝康. 基于自适应 CSI 反馈的高速移动 OFDMA 系统动态资源分配 [J]. 清华大学学报（自然科学版）. 2010,（1）：96–99.

[38] 刘毅, 张海林. 有限反馈多用户 MIMO-OFDMA 下行链路预编码 [J]. 西安电子科技大学学报（自然科学版）. 2007, 34（1）：71–75.

[39] 蒙志进, 宋荣方. OFDMA 系统中 1-bit 有限反馈的改进算法 [J]. 南京邮电大学学报（自然科学版）. 2010, 30（6）：38–42.

[40] Proakis J G. Digital Communication[M]. 4th. New York: McGrawHill, 2001.

[41] Jakes W C. Multipath Interference. Microwave Mobile Communications, New York: IEEE Press, 1994. 11–78.

[42] Kay S M. Fundamentals of Statistical Signal Processing: Estimation Theory[M]. Upper Saddle River, Prentice Hall PTR, 1993.

[43] Berger T. Rate Distortion Theory: A Mathematical Basis for Data Compression[M]. New Jersey: Prentice-Hall Englewood Cliffs, 1971.

[44] Shannon C E. Communication Theory of Secrecy Systems[J]. Bell Labs Technical Journal. 1949, 28(4): 656–715.

[45] Meulen E C V D. A Survey of Multi-Way Channels in Information Theory[J]. Information Theory IEEE Transactions on. 1977, 23(1): 1–37.

[46] Leung-Yan-Cheong S, Hellman M E. The Gaussian Wire-Tap Channel[J]. Information Theory IEEE

Transactions on. 1978, 24(4): 451−456.

[47] Csiszar I, Korner J. Broadcast Channels with Confidential Messages[M]. IEEE Press, 1978.

[48] Li Z, Yates R, Trappe W. Secrecy Capacity of Independent Parallel Channels[M]. Springer US, 2009.

[49] Jorswieck E A, Wolf A. Resource Allocation for the Wire-tap Multi-Carrier Broadcast Channel[C]. International Conference on Telecommunications. 2008, 1−6.

[50] Gopala P K, Lai L, El Gamal H. On the Secrecy Capacity of Fading Channels[J]. IEEE Transactions on Information Theory. 2006, 54(10): 4687−4698.

[51] Liang Y, Poor H V, Shamai S. Secure Communication Over Fading Channels[J]. IEEE Transactions on Information Theory. 2008, 54(6): 2470−2492.

[52] Wang X, Tao M, Mo J, et al. Power and Subcarrier Allocation for Physical-Layer Security in OFDMA-Based Broadband Wireless Networks[J]. IEEE Transactions on Information Forensics & Security. 2011, 6(3): 693−702.

[53] Wang X, Tao M, Mo J, et al. Power and Subcarrier Allocation for Physical-Layer Security in OFDMA Networks[C]. IEEE International Conference on Communications. 2011, 1−5.

[54] Ryzhik I M, Jeffrey A, Zwillinger D. Table of Integrals, Series, and Products[M]. 4th . San Diego: Academic Press, 1980.

[55] Chen X, Chen J, Zhang H, et al. On Secrecy Performance of Multiantenna-Jammer-Aided Secure Communications With Imperfect CSI[J]. IEEE Transactions on Vehicular Technology. 2016, 65(10): 8014−8024.

[56] Boyd S, Vandenberghe L. ConvexOptimization[M]. NewYork: Cambridge University Press, 2009.

[57] Wong I C, Evans B L. Optimal Resource Allocation in the OFDMA Downlink with Imperfect Channel Knowledge[J]. IEEE Transactions on Communications. 2009, 57(1):232−241.

[58] Xiao X, Tao X, Lu J. QoS-Aware Energy-Efficient Radio Resource Scheduling in Multi-User OFDMA Systems[J]. IEEE Communications Letters. 2013, 17(1): 75−78.

[59] Xiong C, Li G Y, Liu Y, et al. Energy-Efficient Design for Downlink OFDMA with Delay-Sensitive Traffic[J]. IEEE Transactions on Wireless Communications. 2013, 12(6):3085−3095.

[60] Zarakovitis C C, Ni Q, Spiliotis J. New Energy Efficiency Metric With Imperfect Channel Considerations

for OFDMA Systems[J]. Wireless Communications Letters IEEE. 2014, 3(5): 473-476.

[61] Wang J, Zhang Y, Hui H, et al. QoS-Aware Proportional Fair Energy-Efficient Resource Allocation with Imperfect CSI in Downlink OFDMA Systems[C]. IEEE International Symposium on Personal, Indoor, and Mobile Radio Communications. 2015, 1116-1120.

[62] Xu Z, Yang C, Li G Y, et al. Energy-Efficient Configuration of Spatial and Frequency Resources in MIMO-OFDMA Systems[J]. IEEE Transactions on Communications. 2013, 61(2): 564-575.

[63] Schaible S. Fractional programming: Applications and Algorithms[J]. European Journal of Operational Research. 1981, 7(2): 111-120.

[64] Seong K, Mohseni M, Cioffi J M. Optimal Resource Allocation for OFDMA Downlink Systems[C]. IEEE International Symposium on Information Theory. 2006, 1394-1398.

[65] Jindal N. MIMO Broadcast Channels With Finite-Rate Feedback[J]. IEEE Transactions on Information Theory. 2006, 52(11): 5045-5060.

[66] Y. Lan, Benjebbour A, A. Li, et al. Efficient and Dynamic Fractional Frequency Reuse for Downlink Non-Orthogonal Multiple Access[C]. Vehicular Technology Conference (VTC Spring), 2014 IEEE 79th. 2014, 1-5.

[67] P. Parida, and S. S. Das. Power Allocation in OFDM Based NOMA Systems: A DC programming approach[C]. Globecom Workshops (GC Workshops), 2014. 2014, 1026-1031.

[68] Schaepperle J, Rüegg A. Enhancement of Throughput and Fairness in 4G Wireless Access Systems by Non-Orthogonal Signaling[J]. Bell Labs Technical Journal. 2009, 13(4):59-77.

[69] Wu B, Shen J, Xiang H. Predictive Resource Allocation for Multicast OFDM Systems[C]. International Conference on Wireless Communications, NETWORKING and Mobile Computing. 2009, 1-5.

[70] Mao J, Chen C, Bai L, et al. Subcarrier and Power Allocation for Multiuser MIMO-OFDM Systems with Various Detectors[C]. Vehicular Technology Conference. 2016, 1-5.

[71] Mao J, Chen C, Bai L, et al. Energy Efficiency Maximization for MIMO-OFDMA Systems with Imperfect CSI[C]. IEEE International Conference on Communication Technology. 2017.

102

5G 与 B4G 关键技术：部分信道信息下 OFDMA 和 NOMA 系统资源分配与优化

[72] Cai W, Chen C, Bai L, et al. Power Allocation Scheme and Spectral Efficiency Analysis for Downlink NOMA Systems[J]. Iet Signal Processing. 2017, 11(5): 537−543.

[73] Cai W, Chen C, Bai L, et al. Subcarrier and Power Allocation Scheme for Downlink OFDM-NOMA Systems[J]. Iet Signal Processing. 2017, 11(1): 51−58.

[74] Chen C, Cai W, Cheng X, et al. Low Complexity Beamforming and User Selection Schemes for 5G MIMO-NOMA Systems[J]. IEEE Journal on Selected Areas in Communications. 2017, 35(12): 2708−2722.

参考文献